钢管约束混凝土抗侵彻性能研究

宋殿义　蒙朝美　谭清华　刘　飞　著

科学出版社

北　京

内 容 简 介

随着精确制导武器的快速发展，防护工程面临的威胁日益严重，如何提高结构的抗打击能力是防护工程重点关注的课题。本书在分析混凝土结构抗侵彻性能研究现状的基础上，开展了钢管约束混凝土结构单元和蜂窝钢管约束混凝土的系列侵彻试验，分析了钢管约束混凝土的抗侵彻性能；基于验证的有限元模型，明晰了蜂窝钢管约束混凝土的抗侵彻机理；针对钢管约束混凝土的特性，建立了径向受弹性约束的有限动态空腔膨胀模型及相应的刚性弹侵彻约束混凝土深度预测模型，模型精度得到了试验结果的验证。

本书可供侵彻力学及防护工程等专业科研工作者和工程技术人员参考。

图书在版编目（CIP）数据

钢管约束混凝土抗侵彻性能研究 / 宋殿义等著. —北京：科学出版社，2023.3

ISBN 978-7-03-075109-6

Ⅰ. ①钢…　Ⅱ. ①宋…　Ⅲ. ①钢管混凝土结构－导弹防御－性能－研究　Ⅳ. ①TU37

中国国家版本馆 CIP 数据核字（2023）第 042628 号

责任编辑：牛宇锋 / 责任校对：崔向琳
责任印制：师艳茹 / 封面设计：蓝正设计

科学出版社出版
北京东黄城根北街 16 号
邮政编码：100717
http://www.sciencep.com
北京汇瑞嘉合文化发展有限公司印刷
科学出版社发行　各地新华书店经销
*
2023 年 3 月第　一　版　开本：720 × 1000　1/16
2023 年 3 月第一次印刷　印张：11 1/4
字数：227 000

定价：128.00 元

（如有印装质量问题，我社负责调换）

序

防护工程是为维护国家安全和领土完整、保存和发挥部队战斗力、保障军队行动而构筑的军事工程设施。信息化战争条件下，随着制导武器的发展，尤其是精确制导钻地武器的发展，防护工程面临的威胁日益严峻。因此，有效提高防护工程的战时生存能力成为科研工作者不懈追求的目标，而设法增强防护结构的抗侵彻性能成为防护科研的热点课题。

混凝土是使用最广泛的工程防护材料，但其属于典型脆性材料，抗拉强度低、延性和韧性差，不利于抗冲击荷载作用。有效改善混凝土的抗拉性能及韧性是提高其抗侵彻性能并减小混凝土损伤范围的重要手段。钢管约束混凝土充分利用钢材抗拉强度高的特性，为混凝土提供侧向约束，使核心混凝土在荷载作用下处于三向受压状态，使其抗压强度随静水压力的增大而急剧提高，将脆性破坏向延性破坏转变；同时钢管还具有阻波、止裂的作用，可将混凝土的损伤限制在被打击单元内，减小混凝土的损伤范围。因此，钢管约束混凝土具有优越的抗侵彻性能。基于此，《钢管约束混凝土抗侵彻性能研究》一书作者采用试验研究、数值模拟和工程模型三种方法，开展了钢管约束混凝土单元和整体结构的抗侵彻性能系列研究，为工程防护抗侵彻提供了一种较为新颖的设计理念。

该书系统总结了作者及同行在该领域的相关研究成果。相信该书的出版会将侵彻力学拓展到约束混凝土中，并为钢管约束混凝土抗侵彻工程应用提供较好的理论基础和技术依据。

杨秀敏

中国工程院院士、防护工程专家

2022 年 6 月

前　言

本书系统介绍作者在钢管约束混凝土抗侵彻性能研究方面的最新成果，内容编排如下：

第 1 章阐述本书关于射弹侵彻混凝土靶的相关概念和基本方法，并总结采用侵彻试验、数值模拟和工程模型三种方法对混凝土侵彻问题的研究现状。

第 2 章和第 3 章为钢管约束混凝土结构单元抗侵彻性能试验，其中第 2 章通过多边形钢管和圆形钢管约束混凝土结构单元抗侵彻性能试验对比，分析钢管形状对钢管约束混凝土结构单元抗侵彻性能的影响；第 3 章通过不同边长正六边形钢管约束混凝土结构单元抗侵彻性能试验，分析钢管边长与壁厚的组合形式对正六边形钢管约束混凝土结构单元抗侵彻性能的影响。

第 4 章和第 5 章为蜂窝钢管约束混凝土抗侵彻性能试验，得到蜂窝钢管约束混凝土的损伤模式、主要损伤参数、合理的钢管规格，对比分析正六边形蜂窝钢管约束混凝土和正方形蜂窝钢管约束混凝土的抗侵彻性能，为钢管约束混凝土的工程应用奠定基础。

第 6 章为蜂窝钢管约束混凝土抗侵彻机理的数值模拟，运用 ANSYS/LS-DYNA 软件，采用 FEM/CSCM-SPH/HJC 耦合法，揭示蜂窝钢管约束混凝土的抗侵彻机理。

第 7 章为蜂窝钢管约束混凝土侵彻深度工程模型，基于 Hoek-Brown 准则建立约束混凝土的有限柱形空腔膨胀模型和相应的蜂窝钢管约束混凝土侵彻深度工程模型，分析扩孔速度、等效约束刚度、空腔壁压力和混凝土响应模式的影响；基于动态空腔膨胀模型得到的扩孔压力，建立刚性弹侵彻深度预测模型，并与硬芯枪弹侵彻蜂窝钢管约束混凝土试验进行比较，考证工程模型的适用性。

需指出的是，本书的作者都是蒋志刚教授的学生，全部内容也都是在蒋教授的指导下完成的，倾注了蒋教授大量的心血。蒋教授敏锐的学术洞察力、缜密细致的逻辑思维和渊博扎实的理论功底是我们艳羡和无法企及的，师恩难忘，在此衷心感谢，祝蒋志刚教授和蒋晓晴师母身体健康、吉祥如意。

由于作者水平有限，书中难免存在不足之处，恳请读者批评指正。

目　　录

第1章　基本概念与基本方法

1.1　引　　言

矛者攻，盾者守，从冷兵器战争到信息化战争，二者就一直相互较量、共同发展。在“矛”方面，随着钻地武器的发展，国防工程面临的挑战日趋严峻[1]；新型钻地弹的侵彻性能不断提高，打击精度和杀伤威力越来越高[2, 3]。同时，近年来世界各地局部战争频发，城市作战成为主要形式，各种枪弹和炸弹/航弹破片对人员、装备及各种重要建筑物构成威胁。因此，如何提高军用装备、国防工程和重要民用建筑物的防护能力已成为防护领域的重要课题。在“盾”方面，随着防护技术的发展，侵彻/穿甲问题也由最初的军事领域，如装甲设计、工事设计、地面与地下国防工程建设等[4]，逐渐向能源、建筑、交通和航空航天等民用领域发展，如核反应堆的安全壳、发电站的冷却塔、石油射孔、高大建筑的防撞击、高速行驶车辆与乘客的安全防护[5-9]，以及飞机、卫星和空间站等防飞鸟、陨石和破片撞击等[10, 11]。此外，近几十年来，全球范围内恐怖袭击事件数量不断攀升[12]，其中汽车炸弹和箱包炸弹等恐怖爆炸袭击产生的冲击波和碎片不仅可能对建筑结构造成整体破坏，也可能因局部侵彻而导致人员设备损伤。因此，如何应对恐怖袭击，提高民用结构的防护能力也是结构工程师和防护专家亟待解决的问题。

混凝土在防护结构中应用广泛，提高混凝土的强度和韧性是提高混凝土抗弹性能的有效途径。对于混凝土抗侵彻问题，如何提高遮弹结构和防弹墙等防护结构抗一次和多次打击能力成为研究热点。混凝土是典型的脆性材料，且脆性随着强度的提高而增大，断裂韧性的增加远不及强度的提高[13]；一次打击下容易产生大范围的裂纹，且损伤范围随打击次数的增加不断扩大，对整个防护结构的防护能力产生十分不利的影响。本书研究的钢管约束混凝土利用钢管对混凝土的侧向约束，使混凝土在侵彻过程中处于三向受压状态，从而提高混凝土的抗压强度和变形能力[14, 15]，限制裂纹的产生和发展，使混凝土的破坏由脆性模式转变为延性模式[16]，进而提高其抗侵彻性能。蜂窝钢管约束混凝土结构与普通混凝土结构相比，具有以下优势：①利用蜂窝钢管的阻裂、阻波作用，减小冲击侵彻作用对相邻单元的损伤；②可充分发挥高强混凝土的优势，降低其脆性，并提高韧性，便于高强混凝土的工程应用；③便于规模化预制生产，方便现场拼装组合及修复、更换，在军事应用方面具有广阔的前景。

1.2　混凝土防护结构抗侵彻技术

设置遮弹层是提高防护工程生存能力的有效方法[17]。早期遮弹结构主要采用块石、砂和土等传统材料与混凝土组成的层式结构，随着新材料、新结构和新技术的发展，混凝土防护结构抗侵彻性能不断提高[18-21]，但应用新材料成本较高且抗多发打击的效果不够理想[22]，而应用新结构可以充分发挥不同材料（结构）的性能，且成本较低。现有新结构主要有表面异形结构、非均匀结构和组合结构三种。

（1）表面异形结构[23, 24]，通常是指设置在遮弹结构基本层之上的偏转层，其原理是使弹丸在着靶时产生偏航角，使弹体产生偏航甚至跳弹，进而减小侵彻深度，如表面异形偏航板、球面柱异形表面技术[1, 25-28]等。

（2）非均匀结构，通常是指利用材料或结构的非均匀性，使弹体在侵彻过程中受到非对称阻力作用的结构，如混凝土栅板结构[29]和泡沫混凝土结构[30, 31]。在材料或结构中加入芯体或块体也是非均匀结构经常采用的方法，该类结构能够使弹丸在侵彻过程中发生偏转或使弹丸产生破坏，从而达到减小侵彻深度的目的，如钢纤维混凝土加钢球[32]、刚玉块石混凝土[33, 34]等。

（3）组合结构，通常利用不同性能的结构进行组合，充分发挥各种结构自身性能，进而达到提高整体结构抗侵彻性能的目的，如分层结构[35-37]、钢板-混凝土-钢板复合结构[38]和钢管约束混凝土结构[39-41]。但是，分层效应可能对其抗侵彻性能产生削弱或不利影响[42, 43]；而钢管约束混凝土利用钢管的侧向约束作用使混凝土处于三向受压状态，从而提高了混凝土的抗侵彻性能[44]。

1.3　混凝土抗侵彻研究方法

目前，混凝土侵彻问题的研究多针对半无限混凝土靶，采用的主要研究方法包括侵彻试验、数值模拟和工程模型三种[45, 46]。

1.3.1　侵彻试验

侵彻试验是最基本、最可靠的方法，相关研究可以追溯到 18 世纪前 Euler 开展的弹丸侵彻试验研究[4]。20 世纪 40 年代以来，随着混凝土应用的逐步推广，混凝土结构的抗侵彻性能研究受到大批学者的关注。学者们提出了大量的半无限混凝土靶侵彻深度预测经验公式，如别列赞公式、修正 Petty 公式、美国陆军工程兵

ACE 公式、Kar 公式、NDRC 公式、Whiffen 公式和 Forrestal 公式等[47]。20 世纪 70 年代，Backmann 等[48]对穿甲力学领域的发展进行了全面总结。现有试验研究多以缩比试验替代原型试验，缩比模型虽然可以降低试验费用和周期，但依据缩比试验得到的经验公式外延性差，适用范围有限。

侵彻试验表明，弹丸的着靶速度、弹体形状和弹丸材质是影响弹丸侵彻能力的主要因素。弹丸着靶速度不同，弹丸的损伤特性差异较大。当弹丸着靶速度较低时，即在常规弹丸着靶速度范围内（小于约 1000m/s），侵彻后弹丸变形较小，弹体可视为刚体[49, 50]；当弹丸着靶速度超过一定范围时，弹靶撞击过程中弹丸变形严重，弹头发生严重磨蚀和质量损失，甚至在侵彻过程中发生失稳现象[51, 52]，表现出一定的流体性质；随着弹丸着靶速度的进一步提高，弹头的流体性质越来越明显[53, 54]，可能出现侵彻深度随着靶速度增大而减小的现象。Frew 等[55]、Forrestal 等[56]和孙传杰等[57]进行了不同形状弹丸侵彻半无限混凝土靶试验，分析了弹体形状和弹丸着靶速度等对侵彻深度的影响。混凝土靶体损伤机理与弹丸着靶姿态、弹着点和着靶速度等因素密切相关[58, 59]。

常规弹丸着靶速度下，半无限混凝土靶侵彻过程可分为开坑和隧道侵彻两个阶段。对于隧道侵彻阶段，当弹丸着靶速度较低时，响应模式为弹性-裂纹-粉碎；随着弹丸着靶速度的提高，裂纹区消失，响应模式转变为弹性-粉碎。此外，混凝土靶的平面尺寸对其抗侵彻性能也有影响，Frew 等[60]进行的侵彻试验结果表明，当弹丸着靶速度小于 340m/s 时，模拟半无限混凝土靶的合理尺寸应不小于 12 倍弹丸直径。

混凝土是典型的脆性材料，侵彻过程中可能产生大面积的破坏，通过改善混凝土性能可提高其抗侵彻能力。改善混凝土性能主要是提高混凝土材料的强度和韧性，增加弹丸与混凝土之间的作用时间，耗散弹丸侵彻过程中的能量。提高混凝土性能的方法主要包括以下几个方面：一是提高混凝土强度[61-63]，但提高混凝土强度的同时，混凝土的脆性增大，效费比也有所下降；二是设置钢筋[64, 65]，整体上增加含钢率可以提高混凝土的抗侵彻能力，并可以在一定程度上减小混凝土的破坏范围，但当钢筋网布置较稀疏时，其增强效应不明显[38, 66]；三是采用高性能混凝土和超高性能混凝土[67-69]，通过增加纤维提高混凝土的韧性，改善混凝土的抗裂性能，从而减小混凝土的破坏区域[70-75]和提高混凝土抗多发打击的性能，但抗首发打击的性能并无明显提高[76-78]。此外，在活性粉末混凝土中掺入钢丝网，不仅能改善混凝土的韧性[79]，还具有较高的效费比。

提高混凝土粗骨料的硬度或增大粗骨料粒径可以提高其抗侵彻性能，混凝土粗骨料的硬度、粒径对有限厚度靶贯穿极限速度和破坏程度影响较为显著[67]，粗骨料对混凝土抗侵彻能力有重要贡献。现有试验表明，随着靶体粗骨料粒径的增大，靶体可以吸收更多弹体动能，靶的抗侵彻能力提高[63, 80, 81]；粗骨料的硬度对弹体的磨蚀效应有一定影响，粗骨料硬度提高，将增加侵彻过程中弹体质量损失[55, 59]；而对于钢纤维混凝土，粗骨料粒径与钢纤维掺量存在较优匹配[82]。

1.3.2 数值模拟

侵彻试验研究周期长、费用高，随着计算机技术的发展，数值模拟已成为研究侵彻问题的重要手段。数值模拟可以再现弹丸侵彻靶体的动态过程，模拟整体与局部的损伤，为侵彻机理的研究提供可视化平台。数值模拟结果的有效性和精度主要取决于采用的计算方法、材料模型以及网格划分等因素，但需要侵彻试验的检验。

1）材料模型

弹丸材料多为金属，大量试验表明，弹丸在侵彻混凝土过程中所表现出的材料性能与弹丸的着靶速度密切相关，着靶速度不同，弹丸的力学性能也不同[83-85]。当着靶速度较低时，弹丸变形可忽略，材料模型可采用刚体模型；随着着靶速度的提高，弹丸会发生塑性变形和磨蚀等现象，通常可采用 Johnson-Cook 模型或弹塑性硬化模型[86]模拟弹丸在高应变率、大变形和高温等作用下的强度特性及变形特点。

混凝土作为典型的脆性材料，在侵彻过程中表现出拉伸断裂、剪胀、刚度退化和应变率效应等现象。常用的模型有 CSCM（continuous surface cap model）、HJC（Holmquist-Johnson-Cook）模型、TCK（Taylor-Chen-Kuszmul）模型和 RHT（Riedel-Hiermaier-Thoma）模型等。CSCM 考虑了高压软化效应，能够较好地反映混凝土大应变时的非弹性响应，可用于描述微裂纹和空穴等非弹性体积变化引起的变形，适用于模拟混凝土在冲击荷载作用下的动态响应[87]，但该模型主要适用于低围压混凝土，对高围压、高应变率和高强、高性能混凝土不适用。TCK 模型考虑了含裂纹体的等效体积模量、裂纹密度和碎片尺寸等因素，能够模拟混凝土的拉伸损伤，模拟混凝土剥落现象的效果较好[88, 89]。RHT 模型考虑了应变硬化、失效面、压缩损伤和应变率效应等动态响应影响因素，适用于处理混凝土的压缩损伤，能较好地描述侵彻过程中混凝土的损伤变化。HJC 模型考虑了混凝土在冲击载荷作用下的动态本构模型，能够模拟大应变、高应变率和高压等情况，能较好地描述混凝土在冲击载荷作用下的压缩损伤动态行为[90, 91]，但该模型是一个塑性模型，对于描述弹丸侵彻混凝土初期的剥落与开坑不够理想。

2）求解算法

混凝土侵彻问题的求解方法主要有有限元法（finite element method，FEM）和光滑粒子流体动力学（smoothed particle hydrodynamics，SPH）法等，常用软件主要有 LS-DYNA 和 AUTODYN 等。

有限元的求解算法主要有 Lagrange 算法、Euler 算法和 ALE 算法[92]。Lagrange 算法将坐标固定在变形体上，坐标网格随变形体的变形而改变；该算法便于处理材料间的界面和自由面，计算效率高，但容易产生网格畸变。Euler 算法是将坐标固定在空间上，分析给定空间上质点的运动规律；该算法有效避免了网格畸变的问题，处理大变形问题较为理想，但在处理不同材料间界面时不够理想，计算耗时长。ALE 算法综合了 Lagrange 算法和 Euler 算法的优点，先将网格固定在变形体上，间隔一定的时间步长后再按一定的规则重新构造网格；该算法既避免了较大的畸变，又比 Euler 算法提高了计算效率和计算精度，适用于处理超高速碰撞问题。

SPH 法[93]是一种无网格粒子法，采用一系列可以传递核函数的粒子来等效连续材料。该方法和有限元法一样可以追踪物质场变量信息和材料变形过程中的瞬态特性；该方法克服了传统网格的缺陷，避免了网格畸变等问题[86]，适用于研究高速碰撞等大变形问题[93-96]，但计算效率不高。FEM-SPH 耦合法既避免了网格畸变、方便处理边界条件和自由面，又提高了计算效率，成为研究脆性材料侵彻问题的有效途径。该方法用 SPH 法描述局部作用大变形区域，以避免大变形区域 Lagrange 网格所造成的畸变问题，且符合脆性材料的变形状态特征；用 FEM 描述核心大变形区域以外的小变形区域，可大幅提高计算效率。因此，FEM-SPH 耦合法在研究混凝土侵彻问题中得到了广泛的应用。

FEM-SPH 耦合法（靶体中心和中心以外区域分别采用 SPH 法和 Lagrange 算法）由 Johnson 等较早提出[97-100]，可较好地再现弹靶作用中心区域的飞散、迎弹面混凝土的漏斗坑形状和尺寸，并保证材料界面的清晰[101]。在 LS-DYNA 软件中可采用有限元法和 SPH 法相结合的方法，用于模拟刚性弹侵彻混凝土[102]、刚性弹侵彻纤维混凝土[103]等问题的研究，弹靶接触的核心区域采用 SPH 粒子，其余区域采用 Lagrange 网格。

1.3.3　工程模型

建立工程模型的主要目的是求解侵彻深度，基于工程模型的侵彻深度理论公式物理意义明确，能够反映影响侵彻深度的主要因素，普适性优于纯经验公式。建立工程模型必须进行简化，忽略一些次要因素，通过建立弹丸的运动方程，最后依据边界条件和初始条件由数学方法求解弹丸的运动过程。基于混凝土侵彻问题的复杂性，不同学者从不同角度进行简化，建立了多个混凝土侵彻深度公式，其中基于空腔膨胀理论的工程模型得到了广泛认同和应用[104]。

目前，空腔膨胀理论已成为求解侵彻阻力和建立侵彻深度预测公式最常用的方法，但现有混凝土介质空腔膨胀理论及工程模型主要针对刚性弹侵彻半无限混凝土靶。早期，Luk 等[105]和 Forrestal 等[106]基于混凝土靶的“弹性-塑性”响应模式和 Tresca 屈服准则建立了无限混凝土介质的球形和柱形空腔膨胀理论；考虑粉碎区混凝土的压缩性，基于混凝土靶的“弹性-裂纹-粉碎”和“弹性-粉碎”两种响应模式及 Mohr-Coulomb 准则，对混凝土介质空腔膨胀理论进行了改进[107]，并根据大量半无限混凝土靶侵彻试验，将侵彻过程分为开坑和隧道侵彻两个阶段，基于动态空腔膨胀理论求解弹丸在隧道侵彻阶段的阻力，建立了卵形刚性弹侵彻半无限混凝土靶的两阶段半理论公式[55, 56, 108]。Li 和 Chen[109, 110]引入弹丸头部形状系数，将 Forrestal 模型推广到任意弹丸头部形状的刚性弹，并给出了计算弹丸头部形状系数的公式。近年来，采用不同的强度准则，考虑粉碎区材料的各种性能，建立了许多空腔膨胀理论和刚性弹侵彻混凝土的工程模型，包括刚性弹侵彻半无限含水饱和普通混凝土靶工程模型[111]。采用的强度准则有 Griffith 准则[112]、Mohr-Coulomb 准则和两段式状态方程[113]、修正的 Mohr-Coulomb 破坏准则和 Graneisen 状态方程等，并考虑弹体在高速撞击下的侵蚀效应[114]，考虑的粉碎区混凝土材料性能包括剪胀性[115, 116]、压缩性和不可逆变形[117]、应变率效应和骨料尺寸效应[118]等。

侵彻试验[60, 119]表明，在常规弹丸速度侵彻作用下，半无限混凝土靶呈现“弹性-裂纹-粉碎”响应模式；而理论研究[107]表明，当空腔扩孔速度大于某一临界值时，混凝土粉碎区的传播速度将大于裂纹区的传播速度，靶体呈现“弹性-粉碎”响应模式。粉碎区混凝土的力学行为十分复杂，涉及材料的压缩性、剪胀性和应变率效应等，其本构模型对空腔壁压力的求解有重要影响，当空腔膨胀模型中考虑这些因素时，必须求解非线性微分方程。已有研究表明，在常规弹丸速度侵彻下，粉碎区混凝土的压缩性、剪胀性及应变率效应对侵彻深度的影响不显著[107, 115, 118]。因此，为了简化侵彻深度的计算，通常可以采用简化的强度准则，忽略混凝土靶粉碎区的压缩性、剪胀性和应变率效应。在现有混凝土空腔膨胀理论中，一般假设弹性区和裂纹区的混凝土为弹性材料，满足胡克定律，裂纹区环向应力为零；粉碎区多采用传统的线性 Mohr-Coulomb 准则描述其强度特性。然而，线性 Mohr-Coulomb 准则没有考虑混凝土-岩石类材料内部初始微裂纹和围压的影响[120]，不能较好地反映此类材料在三向受压状态下的强度特性。

混凝土与岩石类似，均为含有初始微裂纹的脆性材料，混凝土处于三向受压状态时的力学行为类似于有围压的岩体，宜采用非线性强度准则[120, 121]。Griffith[122]基于能量原理提出了含初始缺陷脆性材料的拉伸断裂准则，从理论上解释了初始微裂纹对强度的影响，并发展了脆性材料双向受压起裂准则。Hoek 和 Brown[123]考虑岩体围压的影响，基于岩石三轴压缩试验，总结出含有经验常数的非线性强度准则，并得到了广泛应用[124]，该准则中的经验常数根据试验确定，具有较好的推广性。Zuo 等[125, 126]基于线弹性断裂力学原理建立了岩石类脆性材料的非线性强度准则，是一种修正的 Griffith 准则（简称 M-G 准则），该准则在形式上与 Hoek-Brown 准则相似。

1.4　钢管约束混凝土抗侵彻研究

钢管约束混凝土是由核心混凝土和不承受轴向荷载的外包薄壁钢管组成的组合结构[127]，核心混凝土对钢管具有支撑作用，而外包钢管为核心混凝土提供侧向约束作用，从而提高混凝土的抗压强度和延性[14, 128, 129]，其抗冲击性能[130]和抗爆性能[131]也优于普通混凝土。本书研究的钢管约束混凝土是指受侵彻作用的钢管混凝土防护结构，通常弹体的侵彻方向与构件轴向一致，其核心混凝土在侵彻过程中处于径向受压状态。

1.4.1　抗侵彻性能试验

圆形钢管约束混凝土结构单元侵彻试验与数值模拟结果表明[87, 132, 133]，钢管约束混凝土结构单元的侵彻深度比半无限混凝土靶减小 10%～20%，且具有优良的抗多发打击性能[134]；与半无限混凝土靶类似，其侵彻过程也可分为开坑和隧道侵彻两个阶段，但由于钢管的约束作用，混凝土的破坏范围被限制在钢管内，核心混凝土较完整，径向裂纹较细小。然而，当钢管尺寸较小或壁厚较薄时，在开坑阶段可能会由于弹丸挤压作用过大而发生钢管壁撕裂和鼓曲；在隧道侵彻阶段可能出现弹丸严重偏转，导致侧面钢管壁发生穿孔和鼓包现象。此外，文献[87]、[132]～[134]中所用混凝土均无粗骨料，与工程实际差距较大，且钢管为圆形，拼装组合困难，不便于工程应用，如图 1.1 所示。

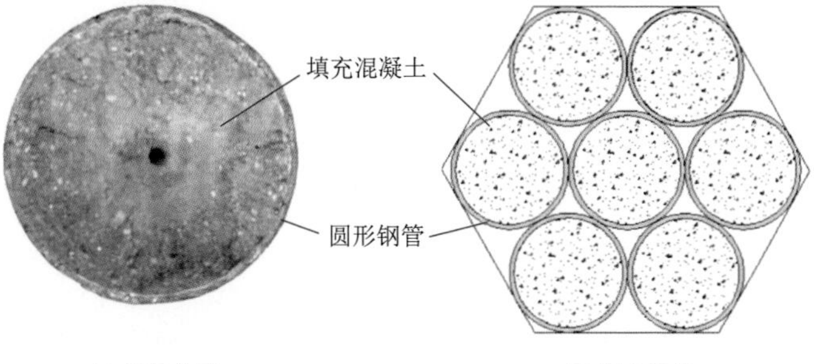

(a) 结构单元　　(b) 组合结构

图 1.1　圆形钢管约束混凝土结构

钢管形状对钢管约束混凝土的抗侵彻性能有较大影响。硬芯枪弹侵彻相同壁厚（3.5mm）的正六边形（边长 80.5mm）、正方形（边长 151mm）与圆形（外径 140mm）钢管约束混凝土结构单元对比试验表明[135]，圆形钢管约束混凝土结构单元漏斗坑表面的裂纹沿圆周均匀分布，侧向裂纹数量少；多边形钢管约束混凝土结构单元漏斗坑表面的裂纹集中在对角线附近（图 1.2），侧面裂纹多而细，没有明显的主裂纹，且各边中部的裂纹密度大于角部；着靶速度在 820m/s 左右时，正六边形钢管约束混凝土结构单元（含钢率 9.75%）的侵彻深度比相同含钢率的圆形钢管约束混凝土结构单元减小了约 10.5%，而正方形钢管约束混凝土结构单元（含钢率 9.06%）的侵彻深度比圆形钢管约束混凝土结构单元（含钢率 9.75%）增大约 3.5%。即正六边形钢管的约束效果优于圆形钢管，而相近含钢率的圆形和正方形钢管的约束效果差别不大。12.7mm 穿甲弹侵彻不同边长正六边形钢管约束混凝土结构单元试验表明[136]，钢管边长对侵彻深度有明显的影响，边长越小，侵彻深度越小；着靶速度约 600m/s 时，钢管边长由 66mm 减小到 55mm，侵彻深度可减小约 19%；正六边形钢管约束混凝土结构单元的侵彻深度随着着靶速度的增大近似线性增加。

(a) 正方形　　(b) 正六边形

图 1.2　多边形钢管约束混凝土结构单元

在实际工程中，钢管约束混凝土防护结构由许多结构单元组成，需要考虑结构单元的组合方式。拼装式无约束正六边形蜂窝混凝土抗侵彻试验表明[137]，与整体结构相比，拼装式蜂窝混凝土由于拼缝的存在，正面剥落范围减小；背面痂疤范围均被限制在被打击单元内，但侵彻深度增大了 10%～12%。因此，对于钢管约束混凝土防护结构，也应尽量减少拼缝，尽可能采用整体结构，即各蜂窝钢管单元应相互焊接成整体，发挥蜂窝混凝土和钢管混凝土的优势。正六边形蜂窝钢管约束混凝土抗侵彻试验表明[138]，蜂窝钢管约束混凝土由于周围混凝土的侧向支撑作用，抗侵彻性能相对正六边形钢管约束混凝土结构单元得到进一步提升，且混凝土的损伤被限制在被侵彻单元内，如图 1.3（a）所示。正方形蜂窝（格栅）钢管具有良好的外拓展和加工性能，格栅钢管约束混凝土抗 12.7mm 穿甲弹打击试验结果表明[139, 140]，格栅钢管约束混凝土的损伤模式为“漏斗坑+侵彻隧道+侧面裂纹”或“漏斗坑+侵彻隧道+侧面裂纹+迎弹面弹坑处钢管局部屈曲”；格栅钢管约束混凝土遭受 6 发弹丸打击后，未打击单元无可见损伤（图 1.3（b）），体现出优异的抗多发打击性能。

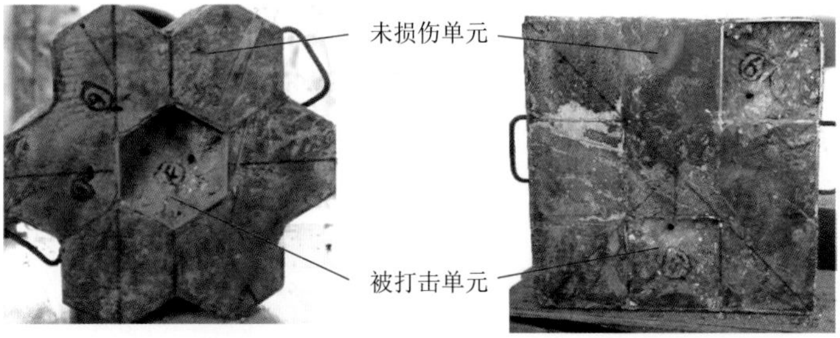

(a) 正六边形　(b) 正方形

图 1.3　蜂窝钢管约束混凝土结构

1.4.2　抗侵彻机理数值模拟

在钢管约束混凝土抗侵彻机理方面，蒋志刚等[87]应用 LS-DYNA 软件中的 FEM-SPH 耦合法，混凝土采用 CSCM，在弹靶作用的核心区域采用 SPH 粒子，周围混凝土区域、钢管和弹丸采用 Lagrange 网格，模拟了 12.7mm 硬芯枪弹侵彻圆形钢管约束混凝土结构单元的过程，结果表明，钢管的约束作用主要发生在隧道侵彻阶段，减小靶体尺寸能够更好地发挥钢管的约束作用。万帆[141]开展了硬芯枪弹侵彻圆形钢管约束混凝土结构单元的试验研究，主要考虑了偏心距、钢管壁厚和尺寸等因素的影响；接着应用 FEM-SPH 耦合法分析了硬芯枪弹侵彻圆形钢管约束混凝土结构单元的机理，表明钢管的套箍作用限制了混凝土的损伤，增大钢管壁厚能提高钢管对混凝土结构单元的约束作用。蒙朝美等[142]采用 FEM-SPH 耦合法分析了正六边形钢管约束混凝土结构单元的抗侵彻机理，结果表明，由于正六边形钢管增加了对角线附近钢管对混凝土的约束效应，在正六边形对角线附近形成了高应力区，使相近含钢率正六边形钢管约束混凝土结构单元的抗侵彻能力优于圆形和正方形钢管约束混凝土结构单元。詹昊雯[138]采用 FEM-SPH 耦合法，综合考虑钢管和周边混凝土对中心混凝土的约束效应，分析了蜂窝钢管约束混凝土的抗侵彻机理。

1.4.3　侵彻深度工程模型

曹扬悦也[143]基于 Hoek-Brown 准则，忽略径向弹性约束对流动阻力项的影响，建立了约束混凝土准静态球形和柱形空腔膨胀理论，得到了刚性弹侵彻约束混凝土的工程模型。针对蜂窝钢管约束混凝土，考虑外围单元混凝土的弹性约束作用，詹昊雯等[144]将被打击单元的钢管近似按受均匀内压作用的圆柱壳处理，建立了基于“裂纹-粉碎”响应模式和 Hoek-Brown 准则的准静态柱形空腔膨胀模型，得到了侵彻深度工程模型，但未考虑流动阻力项和黏性阻力项的影响。Meng 等[145]在混凝土粉碎区采用 M-G 准则，建立了受径向弹性约束有限尺寸混凝土介质的动态球形空腔膨胀理论和相应的刚性弹侵彻深度工程模型，侵彻深度理论计算结果与钢管约束混凝土结构单元侵彻试验吻合较好，但该模型不适用于约束刚度很大的蜂窝钢管约束混凝土。宋殿义等[146]针对射弹侵彻蜂窝钢管约束混凝土问题，考虑被打击单元钢管及其外围混凝土的综合约束作用，粉碎区混凝土采用 Hoek-Brown 准则，建立了蜂窝钢管约束混凝土的准静态球形空腔膨胀模型和刚性弹侵彻深度预测公式，并基于相关侵彻试验分析了综合约束刚度对侵彻过程的影响。Meng 等[147]基于 Hoek-Brown 准则和 Winkler 弹性地基理论，建立了径向受弹性约束的有限动态柱形空腔膨胀模型和相应的刚性弹侵彻蜂窝钢管约束混凝土侵彻深度预测公式，分析了径向弹性约束刚度、扩孔速度等对扩孔过程和扩孔压力的影响。

第2章　多边形钢管约束混凝土结构单元抗侵彻性能试验

本章开展 12.7mm 硬芯枪弹侵彻正方形和正六边形钢管约束混凝土结构单元试验，以及与圆形钢管约束混凝土结构单元对比试验；通过比较三种形状钢管约束混凝土结构单元的抗侵彻性能，并结合工程应用背景，确定较优的钢管形状。

2.1　试件设计

2.1.1　试件规格与打击工况

圆形钢管约束混凝土结构单元侵彻试验表明[132, 133]，对于 12.7mm 硬芯枪弹常规弹丸速度侵彻无粗骨料圆形钢管约束混凝土，其钢管直径和壁厚分别为 114～140mm 和 3.5～4.5mm，且靶厚不宜小于 300mm。参考圆形钢管约束混凝土抗侵彻试验成果，并结合工程应用实际，本章设计钢管约束混凝土试件的钢管规格和打击工况如表 2.1 所示。其中，试件代号中字母 C、S 和 T 分别表示钢管的形状为圆形、正方形和正六边形，数字（114、140、161 和 213）代表圆形钢管直径或多边形钢管外接圆直径；含钢率为钢管的体积占总体积的百分比。C114、C140 和 S213 为无缝钢管，T161 为焊接钢管，与 C140 含钢率相同。按厚靶设计，靶厚均为 350mm。

表 2.1　钢管约束混凝土试件的钢管规格和打击工况

试件代号	钢管外径/mm	钢管壁厚/mm	靶厚/mm	含钢率/%	设计着靶速度/(m/s)
C114	114	3.5	350	11.90	600
					700
					820
C140	140			9.75	600
					700
					820
S213	213			9.06	600
					700
					820

续表

试件代号	钢管外径/mm	钢管壁厚/mm	靶厚/mm	含钢率/%	设计着靶速度/(m/s)
					600
T161	161	3.5	350	9.75	700
					820

注：S213 和 T161 的边长分别为 151mm 和 80.5mm。

在表 2.1 中，C114 和 C140 系列试件作为对比试验，可反映含钢率（或直径）对约束混凝土抗侵彻性能的影响；C140、T161 和 S213 系列靶含钢率相近，分别为 9.75%、9.75%和 9.06%，主要探讨钢管形状对约束混凝土抗侵彻性能的影响，其中 S213 由于产品规格限制，含钢率略小。每种规格试件分别进行三种不同速度的侵彻试验，设计着靶姿态为中心正入射，设计着靶速度分别为 600m/s、700m/s 和 820m/s，主要探讨侵彻速度的影响。试验中射击数量根据试验情况确定，以保证每种设计着靶速度下每种规格试件至少有一个有效侵彻深度数据。

2.1.2　混凝土配合比

为了保证混凝土的密实性和便于工程应用，试件采用自密实混凝土，设计强度等级为 C60。经试配并测量扩展度（图 2.1 和表 2.2），确定的混凝土配合比如表 2.3 所示。其中，水泥为 P·O42.5 普通硅酸盐水泥；细骨料为级配良好的天然河砂；粗骨料为碎石，最大粒径为 15mm；减水剂为液体聚羧酸高效减水剂，减水率大于 20%；粉煤灰质量等级为Ⅱ级；引入消泡剂以保证混凝土密实度。

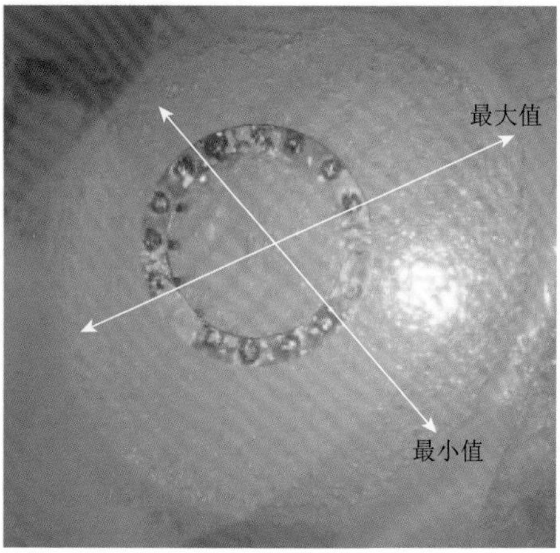

图 2.1　自密实混凝土扩展度测量

表 2.2　实测自密实混凝土扩展度值

批次	T_{500}时间/s	最小值/mm	最大值/mm	平均值/mm
1	4.29	780	830	805
2	5.00	720	730	725
3	4.19	780	840	810
4	5.10	740	750	745
5	4.90	730	775	753

表 2.3　自密实混凝土配合比　（单位：kg/m^3）

水	水泥	粉煤灰	砂	石	减水剂	消泡剂	总计
162	405	155	805	853	8	12	2400

所有试件同批浇筑，并在相同的养护条件下自然养护，如图 2.2 所示。同时，还浇筑了 8 个标准立方体试件（边长 150mm）和 4 个直径 150mm、高度 300mm 的圆柱体试件，用于测量混凝土的静力性能。养护龄期 35d 时，测量了混凝土的静力性能和圆柱体试件的密度，实测密度为 2420kg/m^3。

(a) C114

(b) C140

(c) T161

(d) S213

图 2.2　钢管约束混凝土试件

2.2　材料静力性能

2.2.1　混凝土

混凝土的基本力学性能主要包括立方体抗压强度、劈裂强度和圆柱体抗压强度，其他性能指标可通过经验公式间接获取。

抗压试验和劈裂试验采用匀速加载，抗压试验的加载速率控制在 0.5～0.8MPa/s，劈裂试验的加载速率控制在 0.05～0.08MPa/s。

本节试件的龄期为 35d，略长于标准养护龄期 28d。立方体和圆柱体试件抗压强度试验结果分别如表 2.4 和表 2.5 所示。

表 2.4　立方体试件抗压强度试验结果

试件编号	B_1	B_2	B_3	平均值
抗压强度/MPa	65.0	68.6	64.9	66.2

表 2.5　圆柱体试件抗压强度试验结果

试件编号	C_1	C_2	C_3	平均值
抗压强度/MPa	53.2	54.2	55.4	54.3

由表 2.4 可见，三个立方体试件的抗压强度相近，最小值和最大值均未超过中间值的 15%，可取平均值作为该批试件的立方体抗压强度，即 $\sigma_{cu} = 66.2\text{MPa}$。由表 2.5 可见，三个圆柱体试件的抗压强度相近，可取平均值作为该批试件的圆柱体抗压强度，即 $\sigma_u = 54.3\text{MPa}$ 。

此外，还开展了混凝土立方体劈裂强度试验，结果如表 2.6 所示。由表可知，试件 B_4 的劈裂强度最大，超过试件 B_6（中间值）的 15%，试件 B_4 数据无效，但试件 B_5 与 B_6 相差小于 15%。所以取三个数据的中间值作为该批试件的立方体劈裂强度，即 $\sigma_t = 5.66\text{MPa}$ 。

表 2.6　混凝土立方体劈裂强度试验结果

试件编号	B_4	B_5	B_6	有效值
劈裂强度/MPa	6.98	5.17	5.66	5.66

2.2.2　钢管

试验所用管材为 Q235 低碳钢，其主要力学性能参数由厂家提供，如表 2.7 所示。加工完成后的钢管如图 2.3 所示。为避免焊缝在侵彻过程中撕裂，在混凝土浇筑完成后对正六边形钢管的焊缝进行了局部加强，如图 2.4 所示。

表 2.7　钢管材料性能参数

类型	抗拉强度/MPa	屈服强度/MPa	伸长率/%	弹性模量/GPa
Q235	370～460	≥235	≥25	198

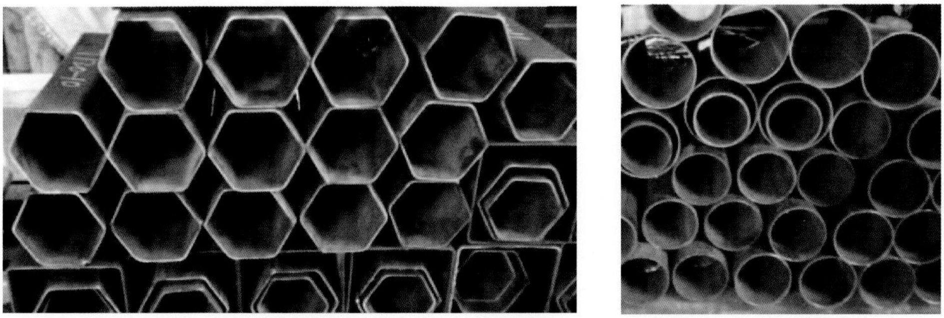

(a) 多边形钢管　(b) 圆形钢管

图 2.3　加工完成后的钢管

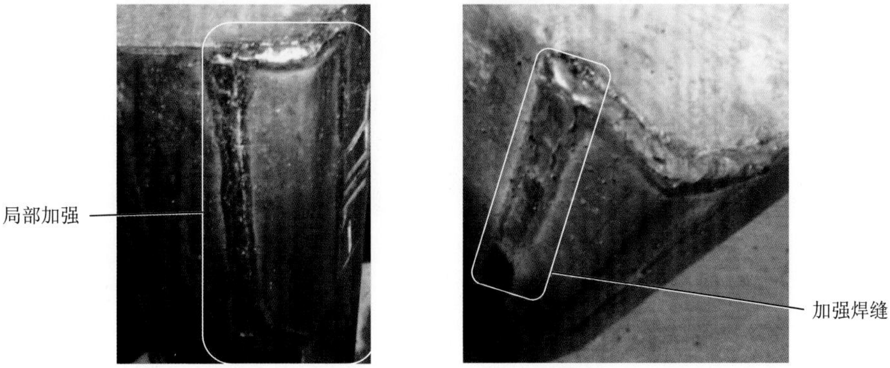

图 2.4　正六边形钢管局部加强

2.3　试验方法与结果

2.3.1　试验装置

侵彻试验在国防科技大学防护实验室完成，试验系统包括发射装置、测速装置、靶架和高速摄像系统。侵彻试验原理如图 2.5 所示，试验装置实物图如图 2.6 所示。

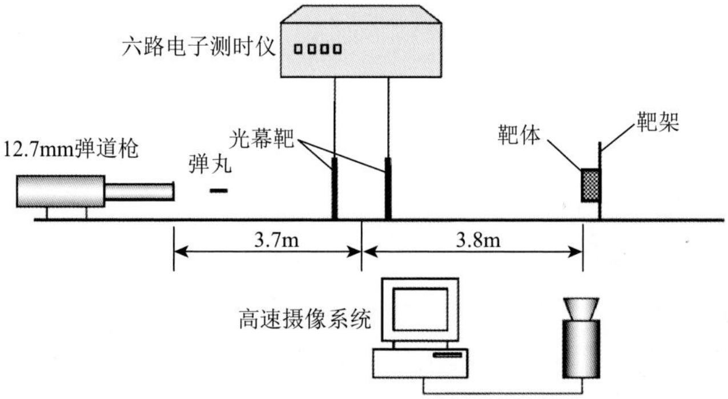

图 2.5　侵彻试验原理

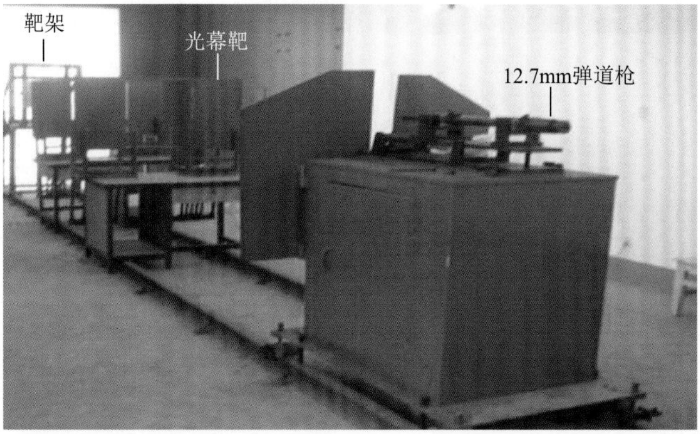

图 2.6　侵彻试验装置实物图

发射装置为 12.7mm 弹道枪，用于发射 12.7mm 穿甲弹。弹丸结构如图 2.7 所示。弹丸直径为 12.7mm，长度为 59.5mm，质量为 47.5～49g；钨合金弹芯直径为 7.5mm，长度为 34.3mm，质量为 19.7g。不减药时弹丸出口速度约为 820m/s，可通过改变装药量调整弹丸出口速度。

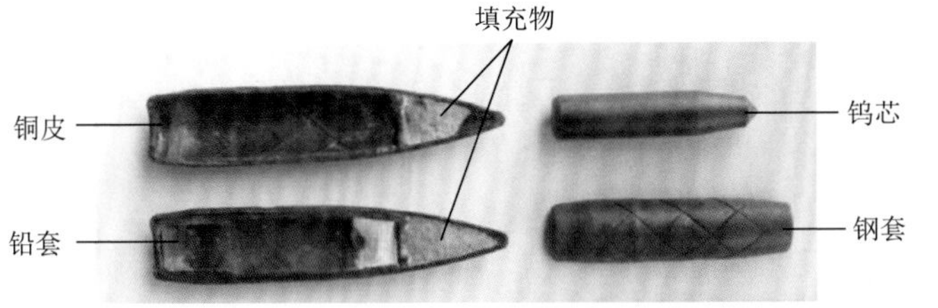

图 2.7　弹丸结构

测速装置由光幕靶和六路电子测时仪组成。采用卷尺（精确到 1mm）测量两光幕靶间的距离（设置为 2m），六路电子测时仪测量弹丸通过两光幕靶所用时间（精确到微秒），计算得到的速度近似作为弹丸着靶速度。高速摄像系统由高速摄像机（型号 FASTCAM SA1.1）和装有图像处理软件的计算机构成，用于记录弹丸着靶姿态和迎弹面混凝土形成漏斗坑过程中混凝土碎片的飞溅现象。本次试验拍摄中采用的帧频为 50000 帧/s。

试件安装方法如图 2.8 所示。靶架基座用于支撑混凝土试件，可以通过增减垫板调整其高度；利用水平仪和调节螺栓调整靶架基座，使其处于水平状态；沙袋用于固定靶的左右位置，并防止靶受弹丸冲击作用后滚落。试验时采用激光瞄靶器瞄准靶心，弹丸垂直入射。

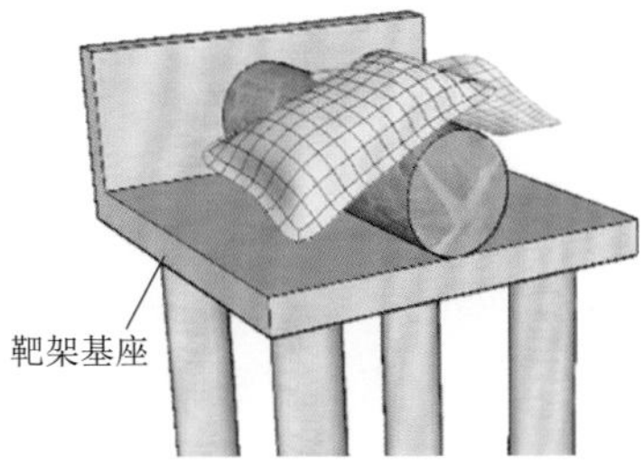

(a) 示意图

(b) 实物图

图 2.8　试件安装方法

2.3.2　试验结果

按照表 2.1 所设计的射击工况，进行 12.7mm 硬芯枪弹侵彻三种不同形状钢管约束混凝土结构单元试验。试验分两次进行，混凝土龄期分别为 55d 和 90d，共 39 个试件；其中 C114 试件 9 个，C140 试件 9 个，T161 试件 13 个，S213 试件 8 个；着靶速度约 820m/s 的试件 16 个，着靶速度约 700m/s 的试件 9 个，着靶速度约 600m/s 的试件 12 个，另有两个试件未测到着靶速度。

试验过程中用高速摄像机记录弹丸的着靶姿态，绝大多数弹丸都垂直撞击靶体（弹丸轴线与水平轴线的夹角小于 5°），如图 2.9（a）所示；但个别弹丸为小角度斜入射（弹丸轴线与水平轴线的夹角不小于 5°），如图 2.9（b）所示。

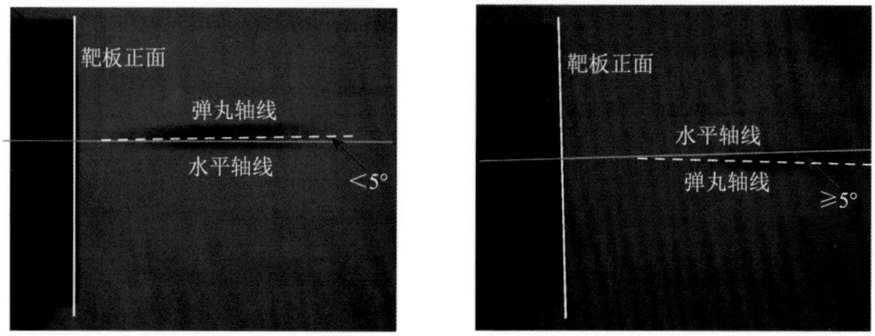

(a) 垂直入射　　(b) 小角度斜入射

图 2.9　高速摄像机记录的弹丸着靶姿态

试验结束后，在解剖试件之前，对每个试件的迎弹面、侧面钢管和背面的损伤情况进行记录，结果汇总于表 2.8，其中 C140-1 和 C140-9 未测到着靶速度。试验结果表明：

（1）试件受弹丸撞击作用后，迎弹面混凝土漏斗坑现象明显，漏斗坑表面伴随有明显的径向裂纹，且裂纹扩展到了钢管内壁。

（2）钢管形状对迎弹面混凝土漏斗坑有影响，可分为两种模式，如图 2.10 所示，其中主要裂纹用红色记号笔描绘示意。模式 1：圆形钢管约束混凝土结构单元，漏斗坑表面裂纹沿圆周基本上均匀分布，钢管主要产生环向拉伸变形，变形后仍为圆形，如图 2.10（a）所示；模式 2：多边形钢管约束混凝土结构单元，漏斗坑表面裂纹主要集中在对角线附近，钢管变形由面外弯曲变形和面内拉伸变形组成，靠近弹着点一边弯曲变形明显，拉伸变形使角部钝化（两边夹角增大），变形后钢管形状趋于圆形化，如图 2.10（b）和（c）所示。

表 2.8　钢管约束混凝土结构单元抗侵彻试验结果

钢管形状	试件编号	龄期/d	钢管外径/壁厚/mm	着靶速度/(m/s)	切割钢管前试件的损伤情况		
					迎弹面混凝土	侧面钢管	背面混凝土
圆形	C114-1	55	114/3.5	816.7	模式 1	口部鼓曲	无损伤
	C114-3	55	114/3.5	813.0	模式 1	无明显损伤	无损伤
	C114-4	55	114/3.5	821.7	模式 1	鼓包	无损伤

续表

钢管形状	试件编号	龄期/d	钢管外径/壁厚/mm	着靶速度/(m/s)	切割钢管前试件的损伤情况		
					迎弹面混凝土	侧面钢管	背面混凝土
圆形	C114-5	55	114/3.5	597.7	模式 1	无明显损伤	无损伤
	C114-6	55	114/3.5	600.6	模式 1	无明显损伤	无损伤
	C114-7	55	114/3.5	713.3	模式 1	无明显损伤	无损伤
	C114-8	55	114/3.5	701.5	模式 1	无明显损伤	无损伤
	C114-9	90	114/3.5	607.5	模式 1	无明显损伤	无损伤
	C114-13	90	114/3.5	808.4	模式 1	无明显损伤	无损伤
	C140-1	55	140/3.5	—	模式 1	穿孔	无损伤
	C140-2	55	140/3.5	820.7	模式 1	无明显损伤	无损伤
	C140-3	55	140/3.5	829.9	模式 1	无明显损伤	无损伤
	C140-4	55	140/3.5	603.0	模式 1	无明显损伤	无损伤
	C140-5	55	140/3.5	599.3	模式 1	无明显损伤	无损伤
	C140-6	90	140/3.5	703.0	模式 1	无明显损伤	无损伤
	C140-7	90	140/3.5	710.5	模式 1	无明显损伤	无损伤
	C140-9	90	140/3.5	—	模式 1	无明显损伤	无损伤
	C140-10	90	140/3.5	611.8	模式 1	无明显损伤	无损伤
正六边形	T161-1	55	161/3.5	832.6	模式 2	鼓包	无损伤
	T161-2	55	161/3.5	824.7	模式 2	无明显损伤	无损伤
	T161-8	55	161/3.5	615.6	模式 2	无明显损伤	无损伤
	T161-9	55	161/3.5	600.6	模式 2	无明显损伤	无损伤
	T161-10	90	161/3.5	806.1	模式 2	鼓包	无损伤
	T161-11	90	161/3.5	814.7	模式 2	无明显损伤	无损伤
	T161-13	90	161/3.5	709.2	模式 2	无明显损伤	无损伤
	T161-14	90	161/3.5	809.7	模式 2	无明显损伤	无损伤
	T161-16	90	161/3.5	714.5	模式 2	无明显损伤	无损伤
	T161-17	55	161/3.5	700.3	模式 2	无明显损伤	无损伤
	T161-18	90	161/3.5	827.5	模式 2	鼓包	滑移
	T161-19	90	161/3.5	832.0	模式 2	无明显损伤	无损伤
	T161-20	90	161/3.5	600.0	模式 2	无明显损伤	无损伤

续表

钢管形状	试件编号	龄期/d	钢管外径/壁厚/mm	着靶速度/(m/s)	切割钢管前试件的损伤情况		
					迎弹面混凝土	侧面钢管	背面混凝土
正方形	S213-6	55	213/3.5	818.7	模式 2	无明显损伤	无损伤
	S213-7	55	213/3.5	698.3	模式 2	无明显损伤	无损伤
	S213-10	55	213/3.5	820.3	模式 2	鼓包	无损伤
	S213-13	55	213/3.5	696.9	模式 2	无明显损伤	无损伤
	S213-16	55	213/3.5	612.2	模式 2	无明显损伤	无损伤
	S213-17	55	213/3.5	606.6	模式 2	无明显损伤	无损伤
	S213-18	90	213/3.5	836.1	模式 2	鼓包	无损伤
	S213-20	90	213/3.5	614.8	模式 2	无明显损伤	无损伤

注：一表示数据未测到。

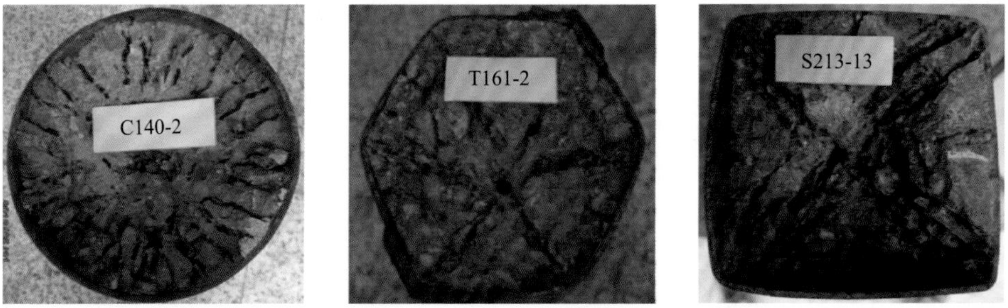

(a) 圆形试件(模式1)　(b) 正六边形试件(模式2)　(c) 正方形试件(模式2)

图 2.10　钢管约束混凝土试件迎弹面损伤模式

（3）正六边形钢管施焊处未发生撕裂，但少数试件的钢管侧面出现了鼓包或穿孔现象，如图 2.11 所示。

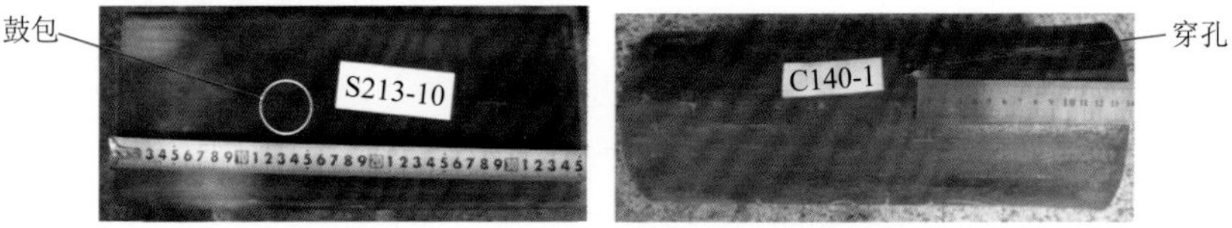

(a) 侧面鼓包　(b) 侧面穿孔

图 2.11　钢管约束混凝土试件侧面鼓包或穿孔

（4）整体来说，试件背面完整、无损伤，可忽略背面对侵彻效应的影响，即可视为厚靶，但是个别试件钢管与混凝土间出现了少许滑移现象，如图 2.12 所示。

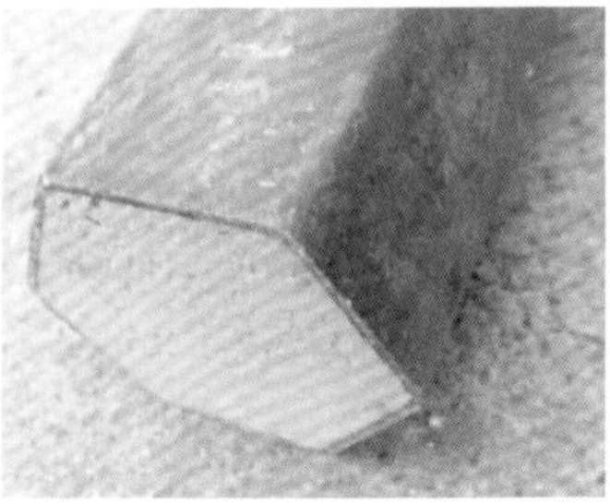

(a) 背面完整

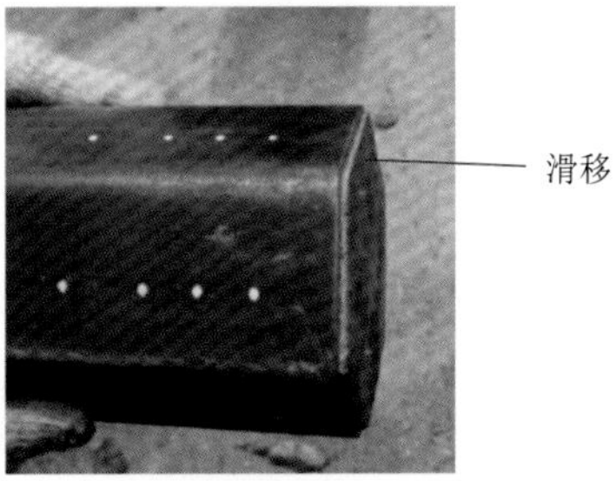

(b) 轻微滑移

图 2.12　钢管约束混凝土试件背面情况

切割钢管前，测量了每个试件弹着点的偏心距和漏斗坑体积，测量方法如图 2.13 所示。测量偏心距时，先用两根细绳沿对角线绷直，两线交点即为靶心，靶心至弹孔中心的距离即为偏心距 Δd，如图 2.13（a）所示。漏斗坑体积采用填砂法测量，将细砂装入量筒指定刻度，用纸团塞住弹孔并缓慢将量筒内的砂倒入试件漏斗坑中，直至试件正面平整，倒入漏斗坑的砂的体积即为漏斗坑体积，如图 2.13（b）所示。

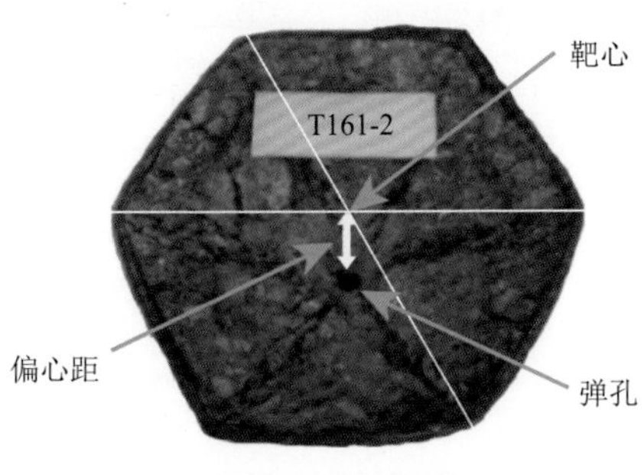

(a) 弹着点偏心距测量方法

(b) 漏斗坑体积测量方法

图 2.13　偏心距和漏斗坑体积测量方法示意图

用乙炔焰将钢管沿轴向切开，观察核心混凝土的损伤情况。结果表明，所有试件的混凝土都保持完整状态，混凝土表面有不同密度的裂纹。图 2.14 为典型试件混凝土侧面损伤情况，图中给出了每个系列偏心距最小且侵彻深度数据有效试件裂纹最明显一侧的裂纹分布情况。

(a) C114-3, 813.0m/s, Δd = 3.5mm

(b) C140-2, 820.7m/s, Δd = 6.4mm

(c) T161-14, 809.7m/s, Δd = 4.0mm

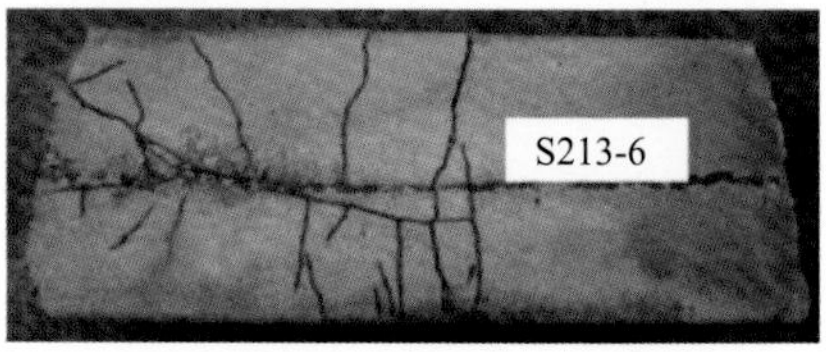

(d) S213-6, 818.7m/s, Δd = 4.0mm

(e) C114-8, 701.5m/s, Δd = 3.5mm

(f) C140-7, 710.5m/s, Δd = 3.0mm

(g) T161-13, 709.2m/s, Δd = 1.6mm

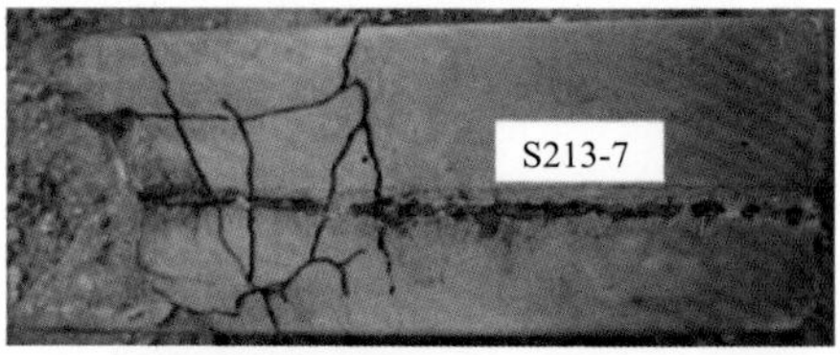

(h) S213-7, 698.3m/s, Δd = 4.0mm

(i) C114-9, 607.5m/s, Δd = 4.0mm

(j) C140-4, 603.0m/s, Δd = 0

(k) T161-8, 615.6m/s, Δd = 8.0mm

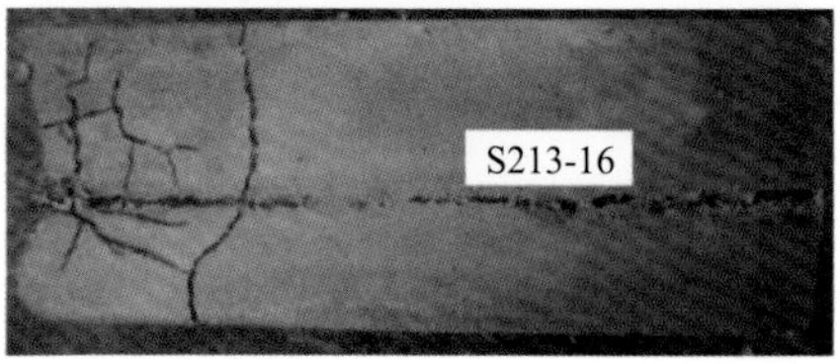

(l) S213-16, 612.2m/s, Δd = 5.0mm

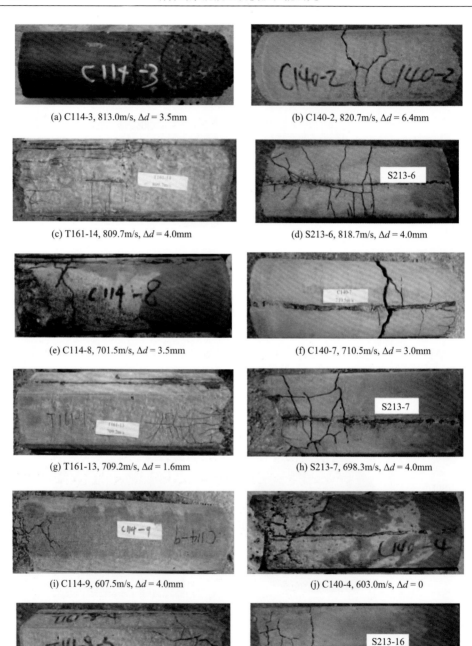

图 2.14　典型试件混凝土侧面损伤情况

从图 2.14 可以看出，正六边形和正方形钢管约束混凝土试件的侧面裂纹明显多于圆形钢管约束混凝土试件，圆形和正方形钢管约束混凝土试件有明显的主裂纹；而正六边形钢管约束混凝土试件的裂纹较细，无明显主裂纹；圆形钢管约束混凝土试件的裂纹沿圆周均匀分布，而正六边形和正方形钢管约束混凝土试件的裂纹主要集中分布在各边上，角部极少；弹丸着靶速度越大，混凝土侧面裂纹分布的区域越广。

沿弹孔解剖混凝土，呈现弹道剖面，直至露出弹尖，并测量侵彻深度，如图 2.15 所示。表 2.9 给出了所有试件的混凝土损伤参数。其中，H_1 为漏斗坑深度，H_2 为弹芯隧道侵彻阶段的深度，X 为总的侵彻深度，$X = H_1 + H_2$；偏心率为偏心距 Δd 与靶体内切圆半径的比值。

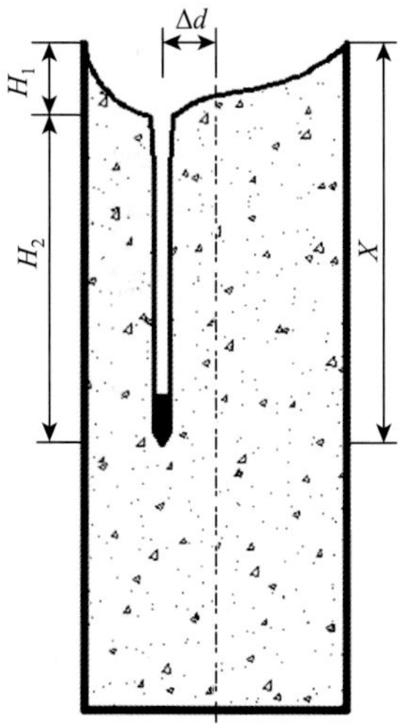

(a) 侵彻深度示意图

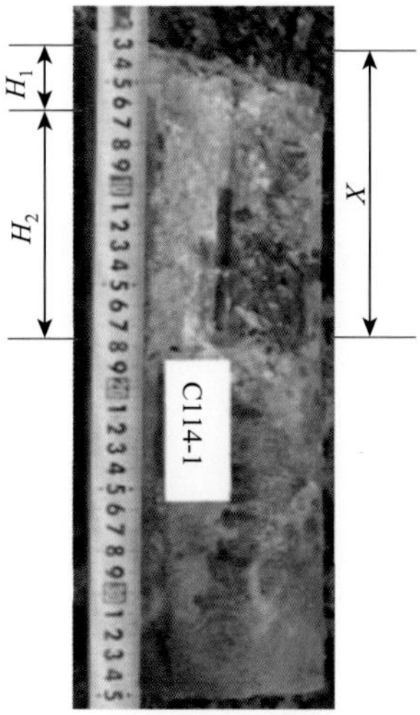

(b) 核心混凝土剖面照片

图 2.15　靶体弹道剖面图

表 2.9　侵彻试验混凝土损伤参数

序号	试件编号	龄期/d	着靶速度/(m/s)	Δd/mm	偏心率/%	漏斗坑体积/mL	H_1/mm	X/mm	备注
1	C114-1	55	816.7	18.0	31.6	206	44.8	172.0	
2	C114-3	55	813.0	3.5	6.1	175	42.5	165.0	
3	C114-4	55	821.7	17.0	29.8	205	50.7	167.0*	鼓包
4	C114-13	90	808.4	8.0	14.0	160	39.5	109.6*	斜入射
5	C140-1	55	—	—	—	—	—	142.0*	穿孔
6	C140-2	55	820.7	6.4	9.1	270	42.0	173.0	

续表

序号	试件编号	龄期/d	着靶速度/(m/s)	Δd/mm	偏心率/%	漏斗坑体积/mL	H_1/mm	X/mm	备注
7	C140-3	55	829.9	13.0	18.6	252	45.5	181.0	
8	C140-9	90	—	3.0	4.3	290	45	172.1*	未测速
9	T161-1	55	832.6	7.0	10.0	349	39.9	194.0*	鼓包
10	T161-2	55	824.7	10.0	14.3	295	41.9	—	
11	T161-10	90	806.1	20.0	28.6	385	49.5	206.5*	鼓包
12	T161-11	90	814.7	13.0	18.6	331	42.0	150.5*	粗骨料密集
13	T161-14	90	809.7	4.0	5.7	253	49.0	157.9	
14	T161-18	90	827.5	20.0	28.6	290	49.5	215.5*	鼓包
15	T161-19	90	832.0	7.0	10.0	255	63.0	162.1	
16	S213-6	55	818.7	4.0	5.0	512	60.5	181.0	
17	S213-10	55	820.3	6.0	7.5	520	51.3	180.0*	鼓包
18	S213-18	90	836.1	5.0	6.2	500	59.0	162.0*	鼓包
19	C114-7	55	713.3	6.0	10.5	97	32.9	126.0	
20	C114-8	55	701.5	3.5	6.1	129	33.0	122.8	
21	C140-6	90	703.0	4.0	5.7	235	40.0	126.8	
22	C140-7	90	710.5	3.0	4.3	190	34.0	129.2	
23	T161-13	90	709.2	1.6	2.3	167	37.0	124.6	
24	T161-16	90	714.5	23.0	32.9	180	34.0	124.4	
25	T161-17	55	700.3	1.5	2.1	175	29.0	112.0*	粗骨料密集
26	S213-7	55	698.3	4.0	5.0	298	47.2	134.0	
27	S213-13	55	696.9	10.0	12.4	330	40.0	136.6	
28	C114-5	55	597.7	10.0	17.5	106	27.6	92.6	
29	C114-6	55	600.6	5.0	8.8	118	33.8	—	
30	C114-9	90	607.5	4.0	7.0	94	28.5	87.1	
31	C140-4	55	603.0	0	0	195	36.0	92.0	
32	C140-5	55	599.3	4.0	5.7	84	29.0	80.6*	钢套未脱
33	C140-10	90	611.8	2.0	2.9	172	26.0	93.5	
34	T161-8	55	615.6	8.0	11.4	160	28.7	96.0	
35	T161-9	55	600.6	4.0	5.7	100	21.5	82.6*	粗骨料密集
36	T161-20	90	600.0	12.0	17.1	105	27.9	87.1	
37	S213-16	55	612.2	5.0	6.2	134	30.0	97.0	
38	S213-17	55	606.6	5.0	6.2	146	31.0	97.8	
39	S213-20	90	614.8	6.0	7.5	175	35.0	104.1	

注：—表示未测到数据；*表示钢管穿孔或鼓包、混凝土或弹丸有异常等，本节侵彻深度分析时视为无效数据。

解剖试件后发现，弹芯在核心混凝土中存在弹道偏转现象，且个别情况严重，如图 2.16 所示。产生弹道偏转的主要原因是[135]：混凝土的不均匀性、弹丸铜皮即钢套非对称变形、弹丸斜入射和弹着点偏心距过大等因素使得弹丸受到非对称作用。

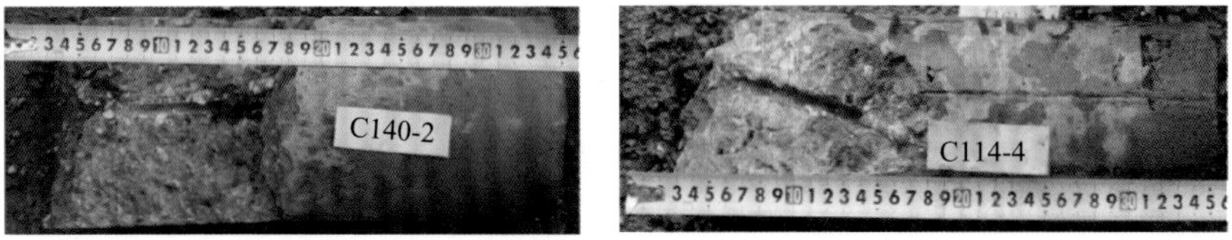

(a) 弹道小偏转　　(b) 弹道大偏转

图 2.16　典型试件混凝土弹道剖面图

表 2.9 中，对于钢管侧壁穿孔或鼓包的试件，X 是指迎弹面至穿孔或鼓包中心的距离；个别试件由于斜入射和混凝土粗骨料密集等原因，侵彻深度偏小。

测量侵彻深度过程中收集到试验后部分弹丸的钨芯，如图 2.17 所示。对比侵彻试验前弹丸和试验后钨芯（图 2.7 和图 2.17）可知，弹丸的钢套和铜皮在侵彻过程中与钨芯分离（仅在试件 C140-5 中发现弹丸的部分钢套未脱离钨芯）；钨芯的变形和质量损失均很小（图 2.18），可视为刚体，隧道侵彻阶段形成的弹孔直径与钨芯直径相近，如图 2.19 所示。此外，钨芯表面有附着物，其原因可能是钨芯与混凝土高速摩擦，混凝土破碎并有部分呈粉末状态，黏结于温度很高的钨芯上。

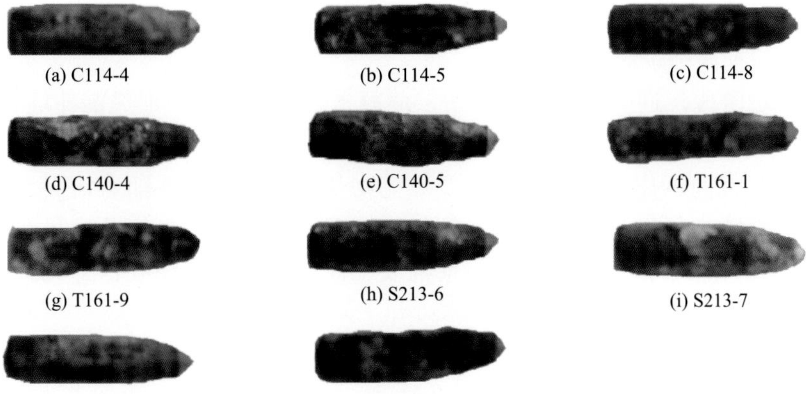

(a) C114-4　(b) C114-5　(c) C114-8
(d) C140-4　(e) C140-5　(f) T161-1
(g) T161-9　(h) S213-6　(i) S213-7
(j) S213-16　(k) S213-17

图 2.17　试验后部分弹丸的钨芯（多边形钢管约束混凝土）

(a) 试验前　　(b) 试验后

图 2.18　侵彻试验前后钨芯对比

图 2.19　侵彻后的弹道及钨芯

2.4　试验结果分析与讨论

2.4.1　侵彻过程

由试件的迎弹面破坏现象（图 2.10）和弹道剖面图（图 2.15、图 2.16 和图 2.19）可知，钢管约束混凝土结构单元的侵彻过程与半无限混凝土靶类似，也可分为开坑和隧道侵彻两个阶段。

在开坑阶段，迎弹面受弹丸撞击，混凝土破碎并飞溅，形成漏斗坑状弹坑；高速摄像机可观察到混凝土破碎与飞溅现象，如图 2.20 所示。此阶段，弹丸发生解体，弹丸的铜皮、铅套、钢套及填充物与钨芯分离，并随着混凝土碎片飞出靶体。在隧道侵彻阶段，弹丸已解体，钢套和铜皮等脱离钨芯，只有钨芯具有侵彻能力，钨芯相当于刚性弹侵彻混凝土，形成隧道状弹孔，弹孔直径与钨芯直径相当。

弹道剖面图表明，弹孔附近一定区域内混凝土的颜色比外围浅，并有粉碎的现象，向外有明显的径向裂纹，如图 2.21 所示；当弹着点偏心距较大或弹孔发生较大偏转时，部分径向裂纹延伸到混凝土表面。这表明在隧道侵彻阶段，弹孔附近的混凝土受到钨芯的挤压作用而发生破碎形成粉碎状态，弹孔外混凝土的响应模式是“粉碎-裂纹-弹性”或“粉碎-裂纹”。

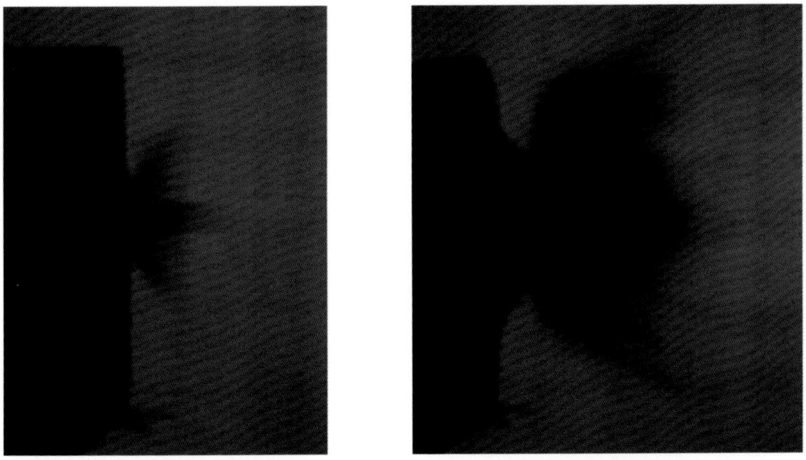

(a) 开坑初期　　(b) 开坑中期

图 2.20　高速摄像下混凝土破碎与飞溅

图 2.21　弹道形态照片

2.4.2　漏斗坑深度

表 2.9 中的漏斗坑数据表明：

（1）靶径（直径或外接圆直径）对漏斗坑体积有明显影响。当着靶速度相近时，总体上，C114 系列试件的漏斗坑体积最小，C140 系列和 T161 系列试件的漏斗坑体积无明显区别，均比 C114 系列试件大，而 S213 系列试件的漏斗坑体积最大；但靶径对漏斗坑深度的影响不显著。其原因可能是：与半无限混凝土靶不同，钢管约束混凝土结构单元的漏斗坑范围被限制在钢管内，迎弹面的损伤范围与钢管的内径相当，因此当漏斗坑深度相近时，较小靶径的漏斗坑体积较小。

（2）着靶速度对漏斗坑体积和深度都有明显影响，着靶速度越大，漏斗坑体积和深度越大。当着靶速度为 820m/s 左右时，漏斗坑深度约为 4 倍弹丸直径；当着靶速度为 700m/s 左右时，漏斗坑深度约为 3 倍弹丸直径；当着靶速度为 600m/s 左右时，漏斗坑深度约为 2 倍弹丸直径。

2.4.3 侵彻深度

由表 2.9 可知，总体上，除钢管发生鼓包和穿孔的试件外，侵彻深度数据的离散性较小，但少数试件由于弹丸斜入射、混凝土不均匀性和弹丸异常等原因，侵彻深度数据异常。其中，试件 C114-13 的侵彻深度比试件 C114-1 偏小，其原因是弹丸斜入射，弹丸着靶姿态如图 2.22（a）所示。试件 T161-11 的偏心距和着靶速度均大于试件 T161-14，但试件 T161-11 的侵彻深度反而小于试件 T161-14，其原因可能是由于试件 T161-11 弹道附近混凝土粗骨料密集，侵彻阻力增大，如图 2.22（b）所示；同理，试件 T161-17（图 2.22（c））和试件 T161-9（图 2.22（d））的侵彻深度也偏小。试件 C140-5 在隧道阶段，钢套未完全与钨芯分离，如图 2.22（e）

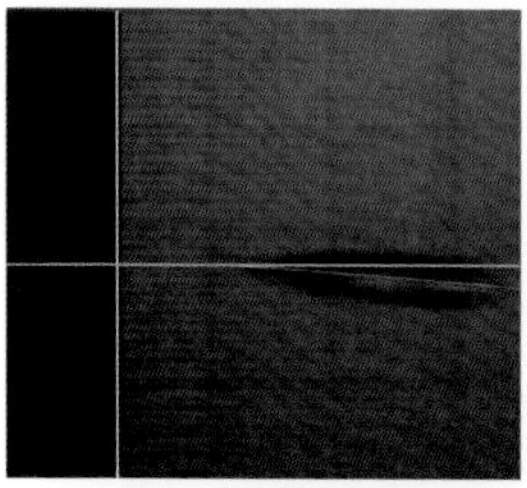

(a) C114-13(斜入射)

(b) T161-11(粗骨料密集)

(c) T161-17(粗骨料密集)

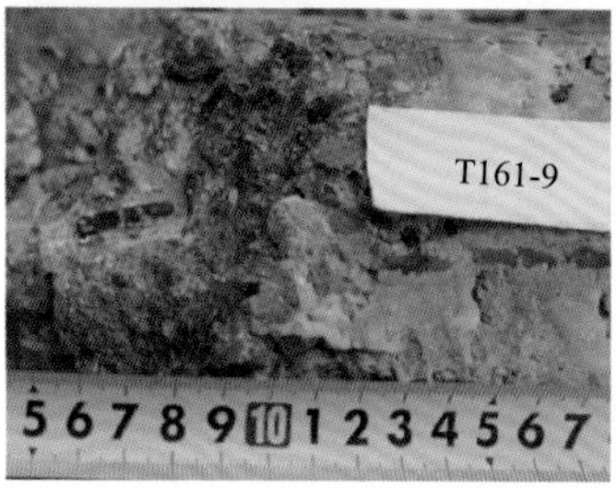

(d) T161-9(粗骨料密集)

(e) C140-5(钢套未完全与钨芯分离)

图 2.22 侵彻深度异常情况

所示，侵彻阻力增大，侵彻深度偏小。扣除表 2.9 中侵彻深度异常数据（视为无效数据），得到 24 个有效侵彻深度数据，如表 2.10 所示，数据表明，钢管形状、含钢率和着靶速度是影响侵彻深度的主要因素。

表 2.10　有效侵彻深度数据

试件编号	着靶速度/(m/s)	偏心距/mm	侵彻深度/mm	试件编号	着靶速度/(m/s)	偏心距/mm	侵彻深度/mm
C114-1	816.7	18.0	172.0	T161-14	809.7	4.0	157.9
C114-3	813.0	3.5	165.0	T161-19	832.0	7.0	162.1
C114-7	713.3	6.0	126.0	T161-13	709.2	1.6	124.6
C114-8	701.5	3.5	122.8	T161-16	714.5	23.0	124.4
C114-5	597.7	10.0	92.6	T161-8	615.6	8.0	96.0
C114-9	607.5	4.0	87.1	T161-20	600.0	12.0	87.1
C140-2	820.7	6.4	173.0	S213-6	818.7	4.0	181.0
C140-3	829.9	13.0	181.0	S213-7	698.3	4.0	134.0
C140-6	703.0	4.0	126.8	S213-13	696.9	10.0	136.6
C140-7	710.5	3.0	129.2	S213-16	612.2	5.0	97.0
C140-4	603.0	0	92.0	S213-17	606.6	5.0	97.8
C140-10	611.8	2.0	93.5	S213-20	614.8	6.0	104.1

比较试件 C114-1 与 C114-3、C140-2 与 C140-3、S213-7 与 S213-13 的侵彻深度，可知在本次试验中，偏心距对圆形钢管约束混凝土结构单元的侵彻深度有一定影响，偏心距越大，侵彻深度越大，这与文献[135]的结论相吻合；而对于多边形钢管约束混凝土结构单元，偏心距对侵彻深度的影响很小，可以忽略。总体上，偏心率在一定范围内（本次试验小于 35%），弹着点偏心距对侵彻深度的影响不是很明显，相对误差在 5%以内。因此，后续研究不考虑偏心距的影响。但需指出，较大的偏心距容易导致弹道严重偏转，钢管出现鼓包，甚至穿孔等现象。

图 2.23 给出了表 2.10 中侵彻深度（X）与弹丸着靶速度（V_0）之间的关系，并对每种规格试件的侵彻深度数据进行了拟合。各系列试件拟合公式如下。

C114 系列：

$$X_{\mathrm{C114}} = 0.00045V_0^{\ 2} - 0.26V_0 + 85.51 \tag{2.1}$$

C140 系列：

$$X_{\mathrm{C140}} = 0.0003V_0^{\ 2} - 0.0377V_0 + 6.43 \tag{2.2}$$

T161 系列：

$$X_{\mathrm{T161}} = 0.3212V_0 - 103.79 \tag{2.3}$$

S213 系列：

$$X_{\mathrm{S213}} = 0.3943V_0 - 141.03 \tag{2.4}$$

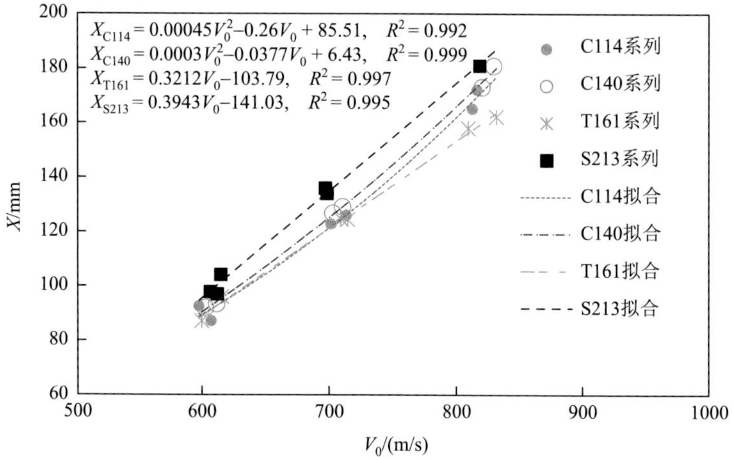

图 2.23　侵彻深度与着靶速度的关系（多边形钢管约束混凝土结构单元）

由图 2.23 可知：

（1）着靶速度对侵彻深度有显著影响，同系列试件的侵彻深度随着着靶速度的增大明显增大，着靶速度 820m/s 左右时的侵彻深度约为着靶速度 600m/s 左右时的 2 倍。

（2）总体上，C114 系列和 T161 系列试件的侵彻深度小于 C140 系列和 S213 系列试件。当着靶速度和含钢率相近时，S213 系列试件的侵彻深度最大，C140 系列试件的侵彻深度居中，T161 系列试件的侵彻深度最小，即正六边形钢管较优。当着靶速度在 600m/s 左右时，三者间差异不显著，S213 和 C140 与 T161 系列试件侵彻深度的相对差异分别为 6.0%和 3.2%；随着着靶速度的增大，差异有所增大，当着靶速度为 820m/s 左右时，相对差异分别为 13.5%和 10.5%。

（3）含钢率越大，侵彻深度越小。当着靶速度相同时，C114 系列试件的侵彻深度比 C140 系列试件小，与文献[133]中结论相吻合；但差异并不显著，最大相对差异仅为 4.8%。其原因是：虽然 C114 系列试件的含钢率高于 C140 系列试件，钢管的约束作用比 C140 系列试件强，但 C114 系列试件的靶径小，混凝土的自约束作用低，所以其抗侵彻能力略优于 C140 系列试件。

综上所述，着靶速度对侵彻深度的影响最为显著，随着着靶速度的提高，侵彻深度明显增大；钢管形状对侵彻深度也有较明显的影响，正六边形钢管约束混凝土结构单元的抗侵彻性能优于圆形和正方形钢管约束混凝土结构单元。此外，对于相同形状的钢管约束混凝土结构单元，在一定范围内，含钢率越大，侵彻深度越小。因此，优选钢管形状和钢管规格（壁厚与直径或边长）是提高钢管约束混凝土结构单元抗侵彻性能的重要途径。

第3章 不同边长正六边形钢管约束混凝土结构单元抗侵彻性能试验

本章在第2章的基础上，介绍正六边形钢管约束混凝土结构单元抗侵彻性能的试验，分析钢管边长和壁厚对抗侵彻性能的影响效应，得到较优壁厚与边长组合方案。

3.1 试验工况

理论上，钢管壁厚相同时，减小边长（增大含钢率）可增大钢管对核心混凝土的约束作用，从而增大侵彻阻力，减小侵彻深度。为了考察钢管边长对抗侵彻性能的影响，设计了不同边长正六边形钢管约束混凝土结构单元；正六边形钢管由Q235钢板焊接而成，壁厚与第2章相同，均为3.5mm，试件规格如表3.1所示，其中试件代号含义同前。为了比较混凝土强度对侵彻阻力的影响，降低了混凝土强度，设计混凝土强度等级为C45，低于第2章的C60；混凝土实测密度为2380kg/m^3，标准立方体（边长150mm）抗压强度为46.5MPa（龄期32d）。靶厚与第2章相同，为350mm。设计的射击工况也与第2章相同，即中心正入射。

表3.1 正六边形钢管约束混凝土试件规格与设计着靶速度

试件代号	钢管外径/mm	含钢率/%	设计着靶速度/(m/s)	钢管壁厚/mm	靶厚/mm
T132系列	132	11.87			
T120系列	120	13.02	600，700，820	3.5	350
T110系列	110	14.16			

本章进行了3类不同边长正六边形钢管约束混凝土试件（25个）在3种着靶速度下的侵彻试验，试验过程中用高速摄像系统记录了弹丸的着靶姿态，显示除T132-3试件为明显的斜入射外，其余试件均可视为正入射。

3.2 损伤模式

试件的损伤模式与第2章T161系列试件类似，迎弹面、侧面钢管、背面的损伤情况如表3.2所示。所有试件背面混凝土均无损伤，可视为厚靶。

表 3.2　不同边长正六边形钢管约束混凝土试件抗侵彻试验结果

试件编号	钢管外径/壁厚/mm	着靶速度 V_0/(m/s)	切割钢管前试件的损伤情况		
			迎弹面混凝土	侧面钢管	背面混凝土
T110-3	110/3.5	815.3	漏斗坑+径向裂纹+角部钝化	穿孔	无损伤
T110-14	110/3.5	806.7		穿孔，在 130mm 处	无损伤
T110-21	110/3.5	812.3		无明显损伤	无损伤
T110-15	110/3.5	711.7		鼓包	无损伤
T110-19	110/3.5	703.2		无明显损伤	无损伤
T110-7	110/3.5	600.4		无明显损伤	无损伤
T110-20	110/3.5	609.9		无明显损伤	无损伤
T120-21	120/3.5	810.7	漏斗坑+径向裂纹+角部钝化	无明显损伤	无损伤
T120-22	120/3.5	810.0		鼓包	无损伤
T120-27	120/3.5	833.7		穿孔	无损伤
T120-8	120/3.5	699.8		鼓包	无损伤
T120-11	120/3.5	709.0		鼓包	无损伤
T120-23	120/3.5	685.4		无明显损伤	无损伤
T120-3	120/3.5	606.4		无明显损伤	无损伤
T120-14	120/3.5	620.3		无明显损伤	无损伤
T120-26	120/3.5	615.0		无明显损伤	无损伤
T132-9	132/3.5	835.9	漏斗坑+径向裂纹+角部钝化	穿孔	无损伤
T132-11	132/3.5	828.2		鼓包	无损伤
T132-22	132/3.5	830.9		无明显损伤	无损伤
T132-23	132/3.5	807.4		无明显损伤	无损伤
T132-7	132/3.5	—		无明显损伤	无损伤
T132-21	132/3.5	703.7		无明显损伤	无损伤
T132-3	132/3.5	603.7		无明显损伤	无损伤
T132-17	132/3.5	616.1		无明显损伤	无损伤
T132-18	132/3.5	—		无明显损伤	无损伤

由于粗骨料、弹丸结构和混凝土的离散性等原因，有的试件弹道严重偏转，钢管壁在钨芯撞击下产生了鼓包或穿孔现象（图 3.1）。

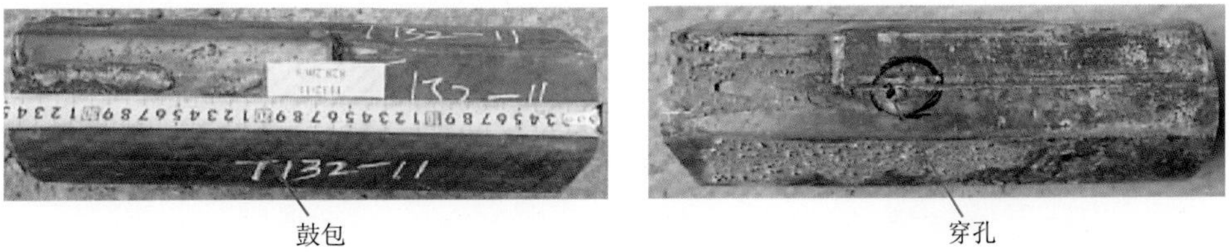

(a) 侧面鼓包(T132-11)　(b) 侧面穿孔(T110-14)

图 3.1　钢管侧面鼓包和穿孔

正六边形钢管约束混凝土试件迎弹面损伤模式如图 3.2 所示。由图可见，3 个试件的损伤模式相同，均为“漏斗坑+径向裂纹+角部钝化”模式，漏斗坑表面径向裂纹主要集中在对角线附近，且钢管有“圆形化”趋势。但是，随着边长的减小，径向裂纹逐渐减少，而“圆形化”趋势越来越明显。这表明边长越小，钢管的约束作用越强。

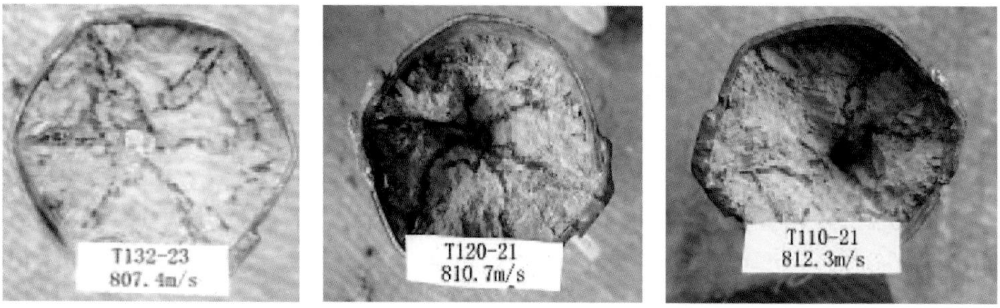

(a) T132-23　(b) T120-21　(c) T110-21

图 3.2　正六边形钢管约束混凝土试件迎弹面损伤模式

图 3.3 给出了典型试件核心混凝土侧面裂纹最明显一侧的裂纹分布情况。由图可见，在钢管的约束作用下，所有试件核心混凝土的整体性均较好，无散落现象，但侧面出现了轴向、环向和斜向裂纹。当着靶速度约为 820m/s 时，迎弹面混凝土出现明显崩落，并主要集中在各边中部，而角部崩落较少；崩落处附近出现了轴向裂纹，但裂纹较细；在轴向裂纹末端形成了贯通的环向裂纹，导致混凝土试件断裂；随着试件边长的减小，轴向裂纹增加，迎弹面混凝土崩落更加明显。当着靶速度约为 700m/s 和 600m/s 时，核心混凝土侧面损伤的规律与着靶速度约为 820m/s 时相似，但裂纹分布的区域缩小且数量减少，迎弹面混凝土崩落也减少。

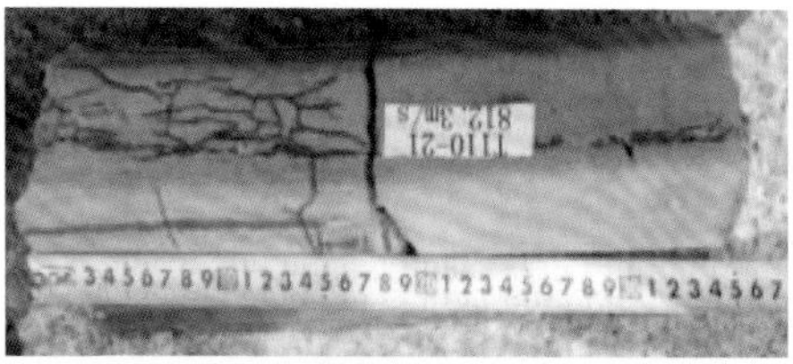

(a) T110-21, 812.3m/s, Δd = 10.0mm

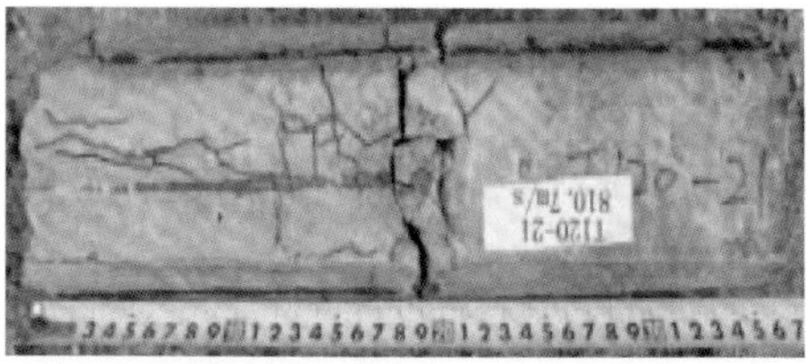

(b) T120-21, 810.7m/s, Δd = 4.0mm

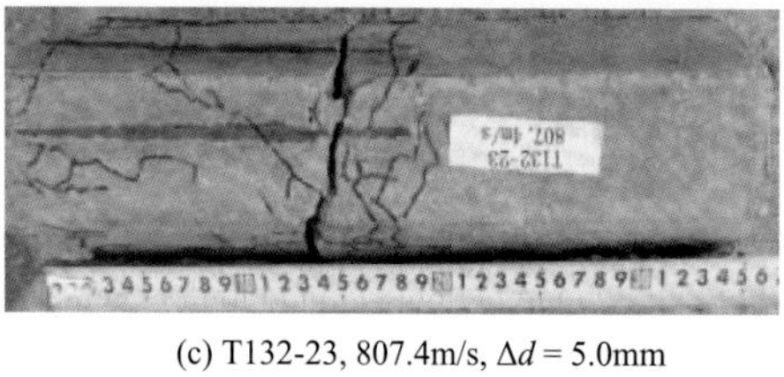

(c) T132-23, 807.4m/s, Δd = 5.0mm

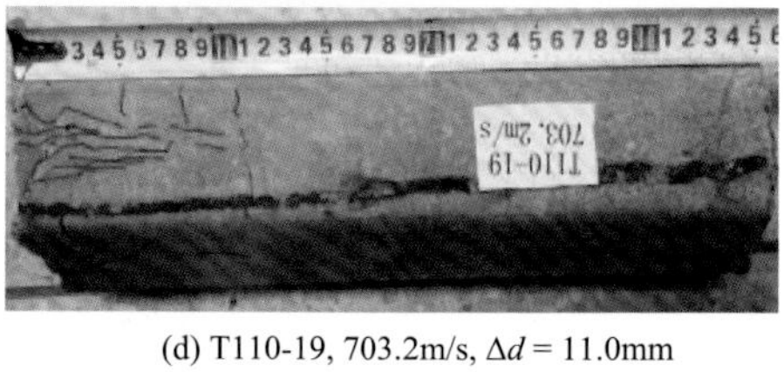

(d) T110-19, 703.2m/s, Δd = 11.0mm

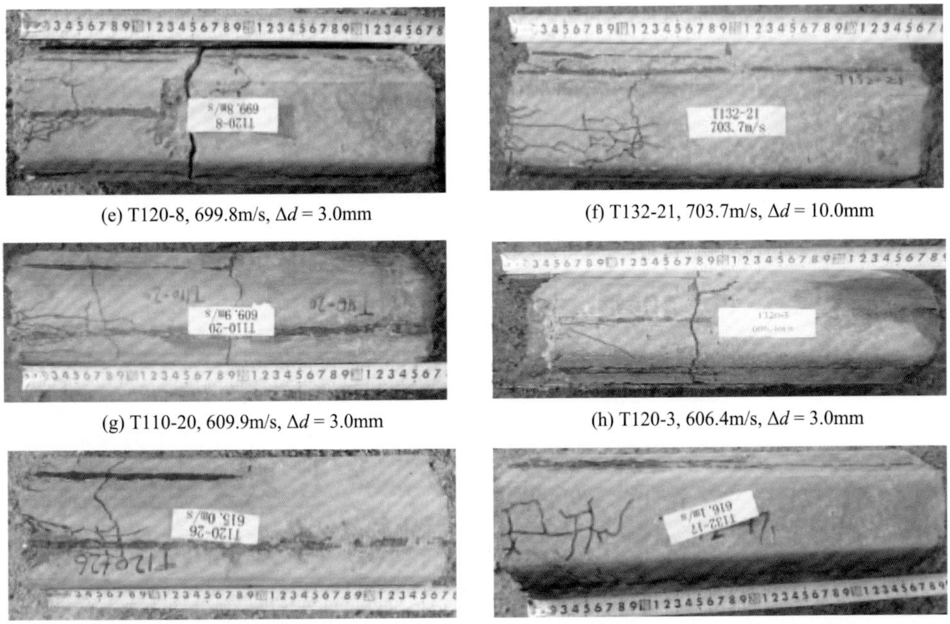

(e) T120-8, 699.8m/s, Δd = 3.0mm　　(f) T132-21, 703.7m/s, Δd = 10.0mm

(g) T110-20, 609.9m/s, Δd = 3.0mm　　(h) T120-3, 606.4m/s, Δd = 3.0mm

(i) T120-26, 615.0m/s, Δd = 5.0mm　　(j) T132-17, 616.1m/s, Δd = 4.0mm

图 3.3　典型试件核心混凝土侧面损伤情况

图 3.4 给出了试验后收集的部分弹丸的钨芯照片。其中，试件 T132-11、T120-8、T120-11、T120-22 和 T110-15 钨芯由于撞击侧面钢管而断裂；试件 T132-3 由于弹丸斜入射，弹道偏转严重，导致钨芯断裂；试件 T120-3 和 T120-21 由于弹道处粗

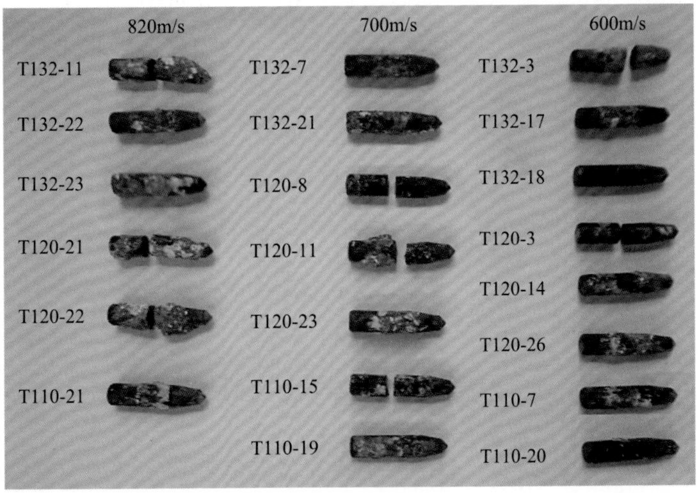

图 3.4　试验后弹丸的钨芯（不同边长正六边形钢管约束混凝土）

骨料分布不均匀等原因，弹道偏转严重，导致钨芯断裂；但是断裂后的钨芯仍较为完整。所有钨芯均无明显塑性变形，可视为刚性弹。

3.3 混凝土损伤参数

不同边长正六边形钢管约束混凝土试件的主要损伤参数测量结果如表 3.3 所示，参数含义同第 2 章，损伤模式见图 3.2。

表 3.3　不同边长正六边形钢管约束混凝土试件的主要损伤参数

试件编号	着靶速度/(m/s)	Δd/mm	偏心率/%	漏斗坑体积/mL	H_1/mm	X/mm	备注
T110-3	815.3	11.0	23.1	—	—	176.2*	钢管穿孔
T110-14	807.1	10.0	21.0	98	34	130.0*	钢管穿孔
T110-21	812.3	10.0	21.0	125	37	169.7	
T110-15	711.7	11.0	23.1	96	31.0	147.2*	钢管鼓包
T110-19	703.2	11.0	23.1	115	36.0	124.3	
T110-7	600.4	7.0	14.7	64	30.0	87.0	
T110-20	609.9	3.0	6.3	65	27.0	85.1	
T120-21	810.7	4.0	7.7	155	44	174.0	
T120-22	810.0	7.0	13.5	150	39	183.7*	钢管鼓包
T120-27	833.7	12.0	23.1	134	42	146.9*	钢管穿孔
T120-8	699.8	3.0	5.8	110	38.5	147.7*	钢管鼓包
T120-11	709.0	11.0	21.2	115	41.0	159.6*	钢管鼓包
T120-23	685.4	6.0	11.5	138	38.4	126.7	
T120-3	606.4	3.0	5.8	99	31.0	90.6	
T120-14	620.3	8.0	15.4	115	35.0	100.3	
T120-26	615.0	5.0	9.6	85	29.2	94.7	
T132-9	835.9	5.0	8.7	255	53	177.5*	钢管穿孔
T132-11	828.2	3.0	5.2	215	46	193.4*	钢管鼓包
T132-22	830.9	9.0	15.7	175	54	182.7	
T132-23	807.4	5.0	8.7	180	50	177.8	
T132-7	—	5.0	8.7	145	41	131.7*	未测速
T132-21	703.7	10.0	17.5	140	35	133.8	
T132-3	603.7	5.0	8.7	120	34	89.8*	斜入射

续表

试件编号	着靶速度/(m/s)	Δd/mm	偏心率/%	漏斗坑体积/mL	H_1/mm	X/mm	备注
T132-17	616.1	4.0	7.0	105	31	103.3	
T132-18	—	6.0	10.5	105	34.0	—	

注：(1) —表示未测到数据，*表示钢管穿孔、鼓包或未测速，或混凝土、弹丸异常等，侵彻深度分析时视为无效数据。

(2) 对于钢管壁在钨芯撞击下产生了鼓包或穿孔现象的试件，其侵彻深度 X 为迎弹面至穿孔或鼓包中心的距离。

3.3.1　漏斗坑深度与漏斗坑体积

由表 3.3 可知，总体上，着靶速度离散性很小，设计着靶速度 600m/s、700 m/s 和 820m/s 的最大偏差分别为 3.4%、2.1%和 1.9%。图 3.5 和图 3.6 分别给出了 3 个系列试件在不同着靶速度（V_0）下 H_1/d（d 为弹丸直径 12.7mm）和漏斗坑体积（V）柱状图，其中，阴影部分的上、下线分别表示最大值和最小值。

由表 3.3 和图 3.5、图 3.6 可知，着靶速度越高，漏斗坑的体积和深度越大；当着靶速度相近时，边长越小，漏斗坑体积越小，漏斗坑深度也越小。当着靶速度为 600m/s 左右时，漏斗坑深度的平均值为 2.0～2.5 倍弹丸直径；当着靶速度为 700m/s 左右时，漏斗坑深度的平均值为 2.5～3.0 倍弹丸直径；当着靶速度为 820m/s 左右时，漏斗坑深度的平均值为 3.0～4.0 倍弹丸直径。当着靶速度相近时，T132 系列试件的漏斗坑体积明显大于 T120 和 T110 系列试件，即边长越大，飞散的混凝土越多，漏斗坑体积越大。

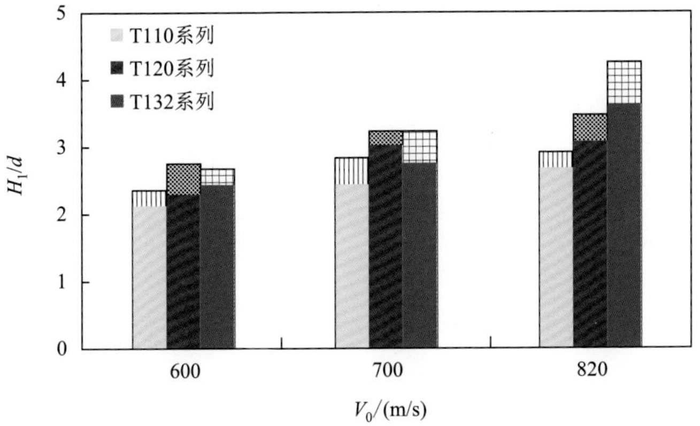

图 3.5　漏斗坑深度与着靶速度的关系

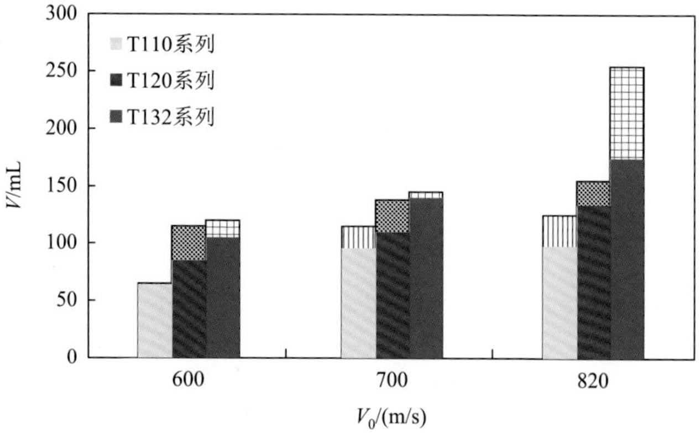

图 3.6　漏斗坑体积与着靶速度的关系

3.3.2　侵彻深度与侵彻阻力

为考虑偏心距对侵彻深度的影响，图 3.7 给出了表 3.3 中侵彻深度（含侵彻深度异常数据）与偏心距的关系。从图中可以看出，对于 T120 和 T110 系列试件，偏心距对正六边形钢管约束混凝土试件的侵彻深度有一定影响，偏心距越大，侵彻深度

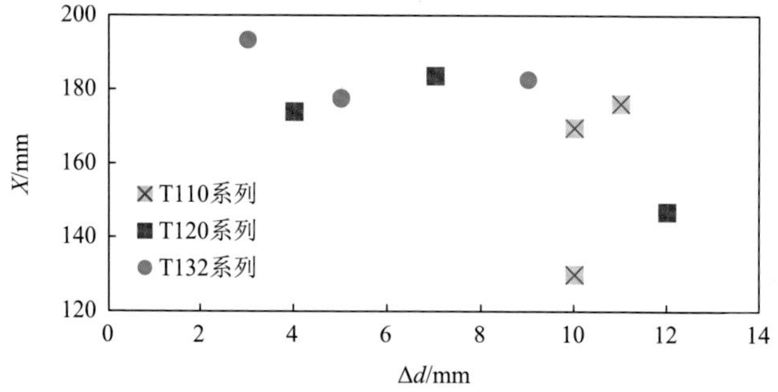

(a) 820m/s

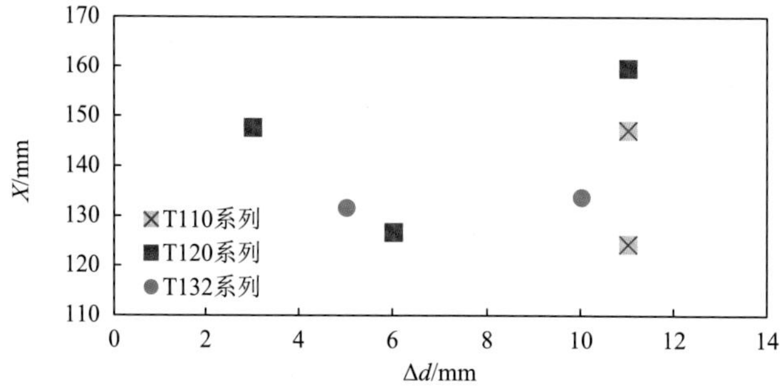

(b) 700m/s

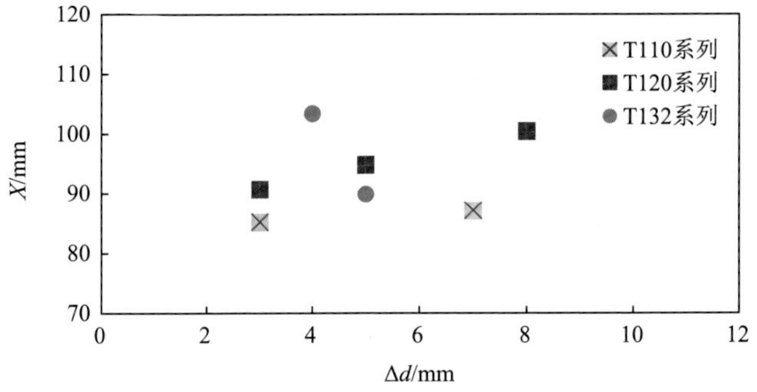

(c) 600m/s

图 3.7　不同着靶速度下侵彻深度与偏心距的关系

越大，这与文献[137]的结论相吻合；而对于 T132 系列试件，偏心距对侵彻深度的影响很小（差异为 2.7%），可以忽略。总体上，本次试验的有效侵彻深度可忽略偏心距的影响。

对表 3.3 中有效侵彻深度进行分析，并以 T132 系列试件为基准，表 3.4 给出了 T120 和 T110 系列试件侵彻深度差异的百分比；图 3.8 给出了有效侵彻深度（X）与弹丸着靶速度（V_0）之间关系的拟合曲线，其中 X_{T132}、X_{T120} 和 X_{T110} 分别为 T132、T120 和 T110 系列试件的有效侵彻深度，相关系数分别为 0.9969、0.9966 和 0.9963。

表 3.4　不同边长正六边形钢管约束混凝土有效侵彻深度比较

设计着靶速度/(m/s)	试件类型	试件编号	平均着靶速度/(m/s)	平均侵彻深度/mm	差异百分比/%
600	T132	T132-17	616.1	103.3	—
	T120	T120-3，T120-14，T120-26	613.9	95.2	−7.8
	T110	T110-7，T110-20	605.2	86.1	−16.7
700	T132	T132-21	703.2	133.8	—
	T120	T120-23	685.4	126.7	−5.3
	T110	T110-19	703.2	124.3	−7.1
820	T132	T132-22，T132-23	819.2	180.3	—
	T120	T120-21	810.7	174.0	−3.5
	T110	T110-21	812.3	169.7	−5.9

由表 3.4 和图 3.8 可知，着靶速度越高，正六边形钢管约束混凝土结构单元的侵彻深度越大，二者近似呈线性关系。

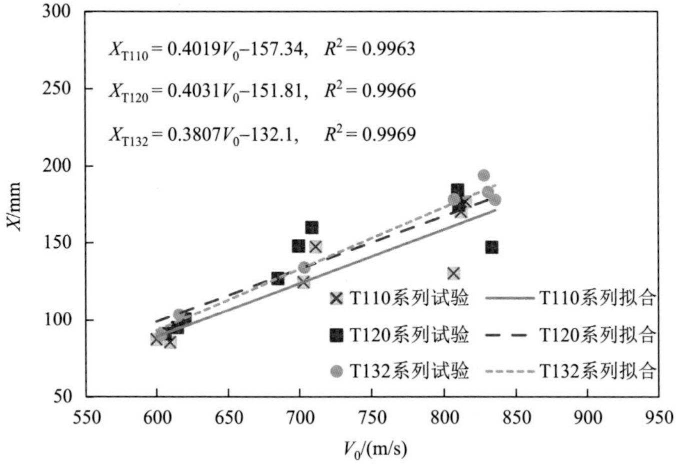

图 3.8　有效侵彻深度与着靶速度的关系（不同边长正六边形单元）

总体上，当着靶速度相近时，钢管边长越小，约束作用越强，侵彻深度越小，即侵彻阻力越大。当着靶速度为 600m/s 左右时，T110 和 T120 系列试件的侵彻深度分别比 T132 系列试件减小了 16.7%和 7.8%。但随着着靶速度的提高，侵彻深度差异缩小。究其原因是：钢管的约束作用与约束刚度正相关，当着靶速度较低时（600m/s 左右），在弹芯侵彻过程中，钢管尚未达到动屈服强度；对于相同壁厚钢管，边长越小，约束刚度越大，因此侵彻深度越小；但是，当着靶速度较高时（820m/s 左右），在弹芯侵彻过程中，小边长钢管可能已经达到动屈服强度，约束刚度有所降低，因此减小钢管边长对侵彻深度的影响不明显。

为进一步讨论钢管边长对钢管约束混凝土结构单元的影响，根据隧道侵彻阶段深度（X–H_1），由式（3.1）反算出等效侵彻阻力[132-134]：

$$R = \frac{N^* \rho_c V_0^2}{\exp\left[\dfrac{\pi d_w^2 N^* \rho_c (X - H_1)}{2M}\right]} \tag{3.1}$$

式中，M 为弹芯质量，d_w 为弹芯直径，N^*为弹芯头部形状系数，对于本节试验所用弹丸，$M = 19.7$g，$d_w = 7.5$mm，$N^* = 0.26$[141]；ρ_c 为混凝土密度，按试验取为 2385kg/m^3；V_0 为着靶速度；H_1 为漏斗坑深度，按实测取值。对于半无限混凝土靶，按文献[108]取 $R = Sf_c$，$S = 72f_c^{-0.5}$，f_c 为混凝土无侧限抗压强度（MPa），根据文献[148]取为立方体抗压强度的 81%，即 $f_c = 0.81 \times 46.5 \approx 37.7$MPa。

对于表 3.3 和表 3.4 中的有效侵彻深度数据，按式（3.1）计算等效侵彻阻力，表 3.5 给出了 R 和无量纲等效侵彻阻力 R/f_c 的范围和平均值。其中，对于 T132、T120 和 T110 系列试件，$f_c = 37.7$MPa；对于 T161 系列试件，$f_c = 54.3$MPa；对于半无限混凝土靶，$f_c = 37.7$MPa，$R/f_c = S = 11.7$。

表 3.5　R 和 R/f_c 计算值

靶的类型	T161	T132	T120	T110	半无限混凝土靶
R/MPa	1108～1354	996～1058	937～1265	918～1316	442
平均值/MPa	1185	993	1126	1160	442
R/f_c	20.4～24.9	25.1～28.0	24.9～33.3	24.4～34.9	11.7
平均值	21.8	26.3	29.8	30.8	11.7

为得到无量纲侵彻阻力 R/f_c 与钢管边长 L（mm）的关系，令 $y = R/f_c$，根据表 3.5 的 R/f_c 平均值，采用 Lorentz 函数进行非线性拟合，即

$$y=y_0+\frac{2a}{\pi}\frac{b}{4\times(L-L_0)^2+b^2} \tag{3.2}$$

式中，$y = y_0 = 11.7$ 为水平渐近线，对应于半无限混凝土靶；当 $L = L_0$ 时，y 有极大值，L_0 为理论最佳边长；相关系数为最大值（0.993）时，$L_0 = 40\text{mm}$，$a = 2538.9$，$b = 70.1$。

图 3.9 给出了无量纲侵彻阻力 R/f_c 与正六边形钢管边长 L 的关系，其中，实线部分（$L \geqslant 55\text{mm}$，拟合曲线分段 1）精度较高，反映了 R/f_c 随 L 的变化趋势；虚线部分（$L < 55\text{mm}$，拟合曲线分段 2）无试验数据，仅供参考。由表 3.5 和图 3.9 可知：

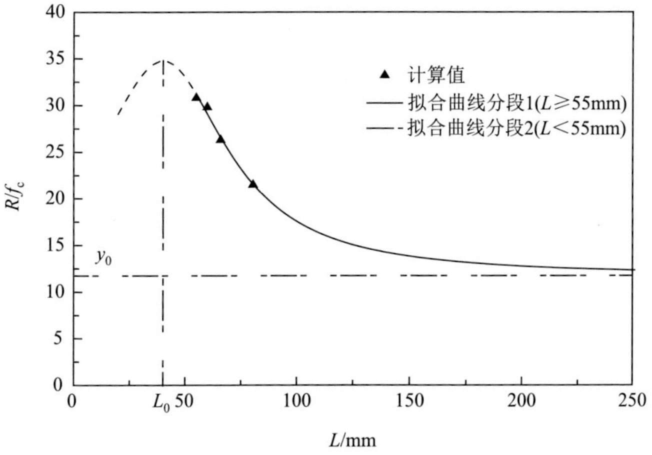

图 3.9　无量纲侵彻阻力 R/f_c 与正六边形钢管边长 L 的关系

（1）正六边形钢管约束混凝土结构单元的等效侵彻阻力与钢管边长和混凝土无侧限抗压强度有关。钢管壁厚相同时，钢管边长越小或混凝土强度越高，侵彻阻力越大；T110 系列试件的侵彻阻力平均值比 T132 和 T120 系列试件分别增大了

16.8%和 3.2%，而混凝土强度最高的 T161 系列试件平均等效侵彻阻力最大。钢管边长越小，无量纲侵彻阻力 R/f_c 越大；T110 系列试件的 R/f_c 平均值比 T161、T132 和 T120 系列试件分别增大了 41.3%、17.1%和 3.4%。

（2）T110 系列试件与 T120 系列试件相比，侵彻阻力仅增大了 3.2%，即钢管边长减小到一定程度后，进一步减小边长对提高侵彻阻力的作用不大。由拟合曲线可知，当 $L>100$mm 时，R/f_c 变化很小，已趋于半无限混凝土靶；当 $L=L_0=40$mm 时（含钢率为 20.2%），R/f_c 有极大值（34.8），但参考文献[133]的结论，钢管直径过小（小于 90mm），极易发生钢管穿孔、鼓包或严重塑性变形等现象，导致构件的防护能力下降。

综上分析，对于本节试验弹丸，正六边形钢管约束混凝土结构单元钢管（壁厚 3.5mm）的合理边长为 50～100mm，相应的含钢率为 8.1%～16.2%。

第 4 章　正六边形蜂窝钢管约束混凝土抗侵彻性能试验

蜂窝钢管约束混凝土不但能利用钢管对混凝土的侧向约束作用，使核心混凝土处于三向受压状态；同时，钢管具有阻裂作用，会限制混凝土裂纹的发展；此外，周边单元对被打击单元钢管提供支撑作用，提高了对核心混凝土的约束作用，更能充分发挥钢管约束混凝土的优势，提高其抗侵彻性能。本章在正六边形钢管约束混凝土结构单元试验研究的基础上，开展正六边形蜂窝钢管约束混凝土抗侵彻性能试验。考虑蜂窝钢管规格（边长和壁厚）、靶体含钢率和弹着点的影响，进行正六边形蜂窝钢管约束混凝土抗 12.7mm 硬芯枪弹单发和多发打击系列试验；同时，进行半无限混凝土靶和蜂窝钢管约束混凝土分层结构对比试验。通过试验获得蜂窝钢管约束混凝土的损伤模式、主要损伤参数、合理的钢管规格和靶体含钢率，为开展蜂窝钢管约束混凝土抗侵彻机理分析、侵彻深度工程模型建立和钢管约束混凝土的工程应用提供试验依据。

4.1　靶体类型与打击工况

4.1.1　靶体类型

基于正六边形蜂窝钢管约束混凝土整体结构的特点，正六边形蜂窝钢管约束混凝土由七个正六边形钢管约束混凝土结构单元组成，如图 4.1（a）所示；单元间通过焊接形成整体，中心单元和周边单元可分别模拟整体结构的中部和周边区域。根据结构单元侵彻试验研究结果，正六边形蜂窝钢管约束混凝土试件规格和设计打击工况如表 4.1 所示，其中正六边形蜂窝钢管约束混凝土分为整体结构和分层结构两种，如图 4.1（b）、（c）所示。蜂窝钢管约束混凝土整体结构的含钢率可近似按中心单元计算，即取中心单元壁厚中面所围部分计算（约为结构单元的一半），蜂窝整体结构的含钢率 ρ_0 为

$$\rho_0 = \frac{S_S}{S_T} = \frac{6\times\dfrac{\delta}{2}\times a}{6\times\dfrac{\sqrt{3}}{4}\times a^2} = \frac{2\delta}{\sqrt{3}a} \tag{4.1}$$

式中，S_S为钢管截面面积；S_T为钢管与混凝土的截面面积之和；δ为钢管壁厚；a为钢管壁中面边长。

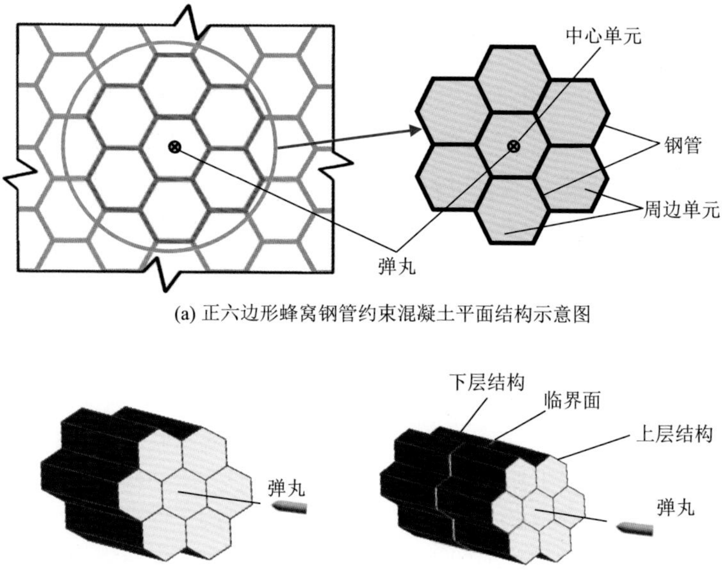

(a) 正六边形蜂窝钢管约束混凝土平面结构示意图

(b) 整体结构　(c) 分层结构

图 4.1　正六边形蜂窝钢管约束混凝土结构示意图

表 4.1　正六边形蜂窝钢管约束混凝土试件规格和设计打击工况

序号	类型	试件代号	边长或半径/mm	壁厚/mm	靶厚/mm	含钢率/%	设计着靶速度/(m/s)	打击工况
1	蜂窝整体结构	WT80/2.5	40	2.5	250	7.22	800	单发
2		WT80/3.5	40	3.5		10.10	800	单发
3		WT110/2.5	55	2.5		5.25	800	单发
4		WT110/3.5	55	3.5		7.35	600，700，800	单发
5		WT110/4.5	55	4.5		9.45	800	单发
6		WT140/4.5	70	4.5		7.42	800	单发、弹着点、多发
7		WT160/3.5	80	3.5		5.05	800	单发、弹着点、多发
8	蜂窝分层结构	WT110/3.5-L	55	3.5	125+125	7.35	800	单发
9	半无限混凝土靶	C405	202.5	3.5	350	—	800	单发、多发

注：（1）正六边形的边长等于外接圆半径；

（2）由于进行蜂窝钢管约束混凝土侵彻试验时弹道枪枪管长度缩短，弹道枪最大出口速度（着靶速度）由820m/s（结构单元设计速度）降为800m/s。

由于周围单元对中心单元的约束作用，蜂窝结构的抗侵彻能力比结构单元强，因此其靶厚和钢板壁厚均可小于结构单元。对应于正六边形结构单元的合理边长（50～100mm）及壁厚（3.5～4.5mm），合理的含钢率范围为 8.1%～20.8%，蜂窝结构含钢率按式（4.1）计算的取值范围为 4.1%～10.4%。考虑到钢板的规格，以及加工与试验的方便性，为了进行抗侵彻性能对比，试验共设计了 3 种类型的钢管约束混凝土，其中正六边形蜂窝钢管构件采用模块化设计方法设计板件。为保证加工质量，所有板件均为同批次钢板，相同类型的板件采用相同的弯折和焊接工艺；为保证加工精度，所有相同规格板件均采用精确切割的方式加工（切割精度在 0.5mm 以内）；为保证焊接质量，利用二氧化碳气体作为保护介质进行电弧熔焊。

为探讨边长、壁厚、边长与壁厚的组合方式和含钢率等对正六边形蜂窝钢管约束混凝土抗侵彻性能的影响，以及与半无限混凝土靶和分层结构对比，共设计了 9 组试件，如表 4.1 所示。其中，WT 代表正六边形蜂窝钢管约束混凝土，第一个和第二个数字分别表示结构单元钢管外接圆直径和壁厚，L 表示分层结构。蜂窝整体结构边长为 40～80mm（外接圆直径为 80～160mm），壁厚为 2.5～4.5mm，含钢率为 5%～11%；分层结构钢管壁厚为 3.5mm，边长为 55mm，含钢率为 7.35%；C405 试件的钢管壁厚为 3.5mm，直径为 405mm。试件按厚靶设计，对于 C405 试件，参照文献[135]中的试验结果，设计靶厚取为 350mm；对于蜂窝试件，考虑到周边单元的约束效应，其侵彻深度小于结构单元，为减轻重量、方便试验，试件的设计靶厚取为 250mm，分层结构每层靶厚均为 125mm。C405 试件的钢管采用 Q235 钢无缝钢管，蜂窝试件的钢管采用 Q235 钢板焊接而成。

考虑到防护工程的应用，试件采用自密实混凝土，混凝土设计强度等级为 C70，配合比如表 4.2 所示。其中，水泥采用 P·O52.5 普通硅酸盐水泥；粗集料为碎石，最大粒径为 16mm，针片状含量不大于 5%；细集料为中砂；拌合水为自来水；考虑到施工的方便性，掺合料为无收缩自流密实混凝土外加剂（GMA-J）。混凝土标准立方体试件（150mm×150mm×150mm）的 28d 抗压强度为 73MPa，实测密度为 2385kg/m^3。

表 4.2　混凝土设计配合比　（单位：kg/m^3）

水泥	砂	石	水	外加剂
534	753	816	180±10	106.9

4.1.2　单发打击工况

单发打击工况主要考察钢管规格、含钢率、弹着点和着靶速度的影响，同时与 C405 试件对比分析蜂窝钢管的约束效应。单发打击设计着靶姿态均为正入射，除考察弹着点组别外，其余弹着点均为靶中心。

在表 4.1 中，WT 试件可分为 6 组，第 1 组为壁厚组，主要考察钢管壁厚的影响，即序号 3、4 和 5，钢管边长均为 55mm（外接圆直径 110mm），壁厚分别为 2.5mm、3.5mm 和 4.5mm；此外，序号 1 和 2 边长相同，钢管壁厚分别为 2.5mm、3.5mm，也可辅助考察壁厚的影响。第 2 组为边长组，主要考察边长的影响，即序号 2、4 和 7，钢管壁厚均为 3.5mm，钢管边长分别为 40mm、55mm 和 80mm；同样，序号 1 和 3 钢管壁厚相同，序号 5 和 6 钢管壁厚相同，可辅助考察边长的影响。第 3 组为含钢率组，主要考察钢管边长和壁厚组合方式的影响，序号 1、4 和 6 含钢率均在 7%左右；此外，序号 2 与 5 含钢率相近，序号 3 与 7 含钢率相近，也可辅助考察边长和壁厚组合方式的影响；边长组和壁厚组也可辅助考察含钢率的影响。第 4 组为速度组，即序号 4，设计了 3 种着靶速度（800m/s、700m/s 和 600m/s），主要考察着靶速度的影响，也是本次试验的基准组。第 5 组为弹着点组，即序号 7，正六边形蜂窝钢管约束混凝土设计弹着点如图 4.2（a）所示。其中，点①为试件中心，点②～④为中心单元对称轴的四分点，比较弹着点①～④的侵彻深度可考察蜂窝钢管约束混凝土试件的抗多发打击性能；弹着点⑤和⑥为周边单元对称轴的四分点（靠近中心单元一侧），主要考察相邻单元损伤对抗弹性能的影响。第 6 组为分层效应组，即序号 8，等厚分层，与序号 4 对比，主要考察分层效应的影响。序号 9（C405 靶）模拟半无限混凝土靶，可作为对比组，其设计弹着点与正六边形蜂窝钢管约束混凝土相对应，如图 4.2（b）所示。此外，序号 6 和 7 同时进行弹着点位置影响试验。

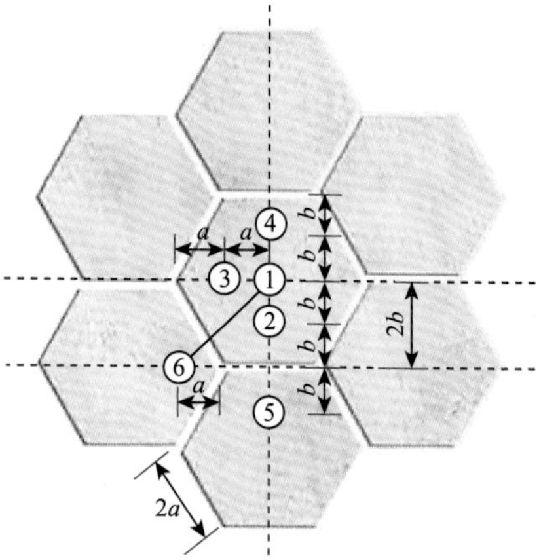

(a) WT160/3.5(a = 40mm, b = 35mm)和
WT140/4.5(a = 35mm, b = 30mm)试件弹着点

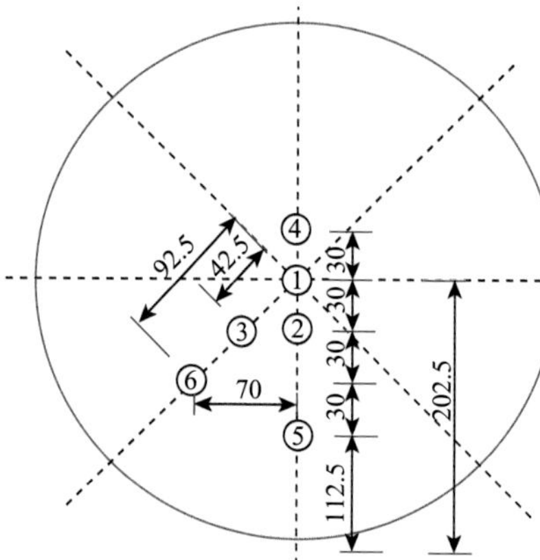

(b) C405试件弹着点

图 4.2　设计弹着点（单位：mm）

4.1.3　多发打击工况

在单发打击试验的基础上，选择合适的正六边形蜂窝钢管约束混凝土试件进行抗多发打击性能试验，包括不同弹着点的多发打击试验和中心相同弹着点的重复打击试验，并与半无限混凝土靶进行对比，弹着点位置如图 4.2 所示。

4.2　试验结果与分析

4.2.1　试验结果

按照表 4.1 设计打击工况进行单发打击试验（9 组，共 36 发），试验结果如表 4.3 和表 4.4 所示。考虑到钢管约束自密实混凝土中骨料在试件厚度方向分布的不均匀性，侵彻试验中按试件的浇筑方向分为底面和正面（按试件浇筑方向先浇筑的下部为底面，后浇筑的上部为正面），分别记为正面和底面。

表 4.3　蜂窝整体结构单发打击试验结果

序号	试件编号	弹着点	着靶速度/(m/s)	迎弹面	着靶姿态	试件损伤现象描述		
						迎弹面混凝土	侧面钢管	背面混凝土
1	WT80/2.5-1	①	798.4	底面	斜	漏斗坑	无损伤	无明显损伤
	WT80/2.5-2	①	800.3	正面	正	漏斗坑	无损伤	无明显损伤
	WT80/2.5-3	①	806.1	底面	正	漏斗坑	无损伤	无明显损伤
2	WT80/3.5-1	①	797.4	底面	正	漏斗坑	无损伤	无明显损伤
	WT80/3.5-3	①	784.9	正面	正	漏斗坑	无损伤	无明显损伤
	WT80/3.5-4	①	794.3	底面	斜	漏斗坑	无损伤	无明显损伤
	WT80/3.5-6	①	791.8	底面	正	漏斗坑	无损伤	无明显损伤
	WT80/3.5-9	①	787.1	底面	正	漏斗坑	无损伤	无明显损伤
3	WT110/2.5-1	①	787.4	正面	正	漏斗坑	无损伤	无明显损伤
	WT110/2.5-2	①	794.9	底面	正	漏斗坑	无损伤	无明显损伤
	WT110/2.5-3	①	794.0	底面	正	漏斗坑	无损伤	无明显损伤
4	WT110/3.5-1	①	797.1	正面	斜	漏斗坑	无损伤	无明显损伤
	WT110/3.5-2	①	683.5	正面	斜	漏斗坑	无损伤	无明显损伤
	WT110/3.5-4	①	590.0	正面	正	漏斗坑	无损伤	无明显损伤

续表

序号	试件编号	弹着点	着靶速度/(m/s)	迎弹面	着靶姿态	试件损伤现象描述		
						迎弹面混凝土	侧面钢管	背面混凝土
4	WT110/3.5-5	①	785.2	底面	正	漏斗坑	无损伤	无明显损伤
	WT110/3.5-6	①	699.1	底面	正	漏斗坑	无损伤	无明显损伤
	WT110/3.5-7	①	790.2	底面	正	漏斗坑	无损伤	无明显损伤
	WT110/3.5-9	①	596.8	底面	正	漏斗坑	无损伤	无明显损伤
5	WT110/4.5-1	①	790.5	底面	正	漏斗坑	无损伤	无明显损伤
	WT110/4.5-2	①	793.3	正面	正	漏斗坑	无损伤	无明显损伤
	WT110/4.5-3	①	797.1	底面	斜	漏斗坑	无损伤	无明显损伤
6	WT140/4.5-1	①	792.4	底面	正	漏斗坑	无损伤	无明显损伤
	WT140/4.5-2	①	792.7	底面	正	漏斗坑	无损伤	无明显损伤
7	WT160/3.5-1	①	774.3	底面	斜	漏斗坑	无损伤	无明显损伤
	WT160/3.5-5	①	790.2	底面	正	漏斗坑	无损伤	无明显损伤
	WT160/3.5-8	①	791.5	底面	斜	漏斗坑	无损伤	无明显损伤
	WT160/3.5-2	③	797.1	底面	正	漏斗坑	无损伤	无明显损伤
	WT160/3.5-3	②	793.0	底面	正	漏斗坑	无损伤	无明显损伤
	WT160/3.5-7	⑤	796.8	底面	正	漏斗坑	无损伤	无明显损伤
		⑥	789.3	底面	正	漏斗坑	无损伤	无明显损伤

表 4.4 分层结构和半无限混凝土靶单发打击试验结果

序号	类型	试件编号	弹着点	着靶速度/(m/s)	迎弹面	着靶姿态	试件损伤现象描述		
							迎弹面混凝土	侧面钢管	背面混凝土
1	蜂窝分层结构	WT110/3.5-L-1	①	792.4	上层靶正面	斜	漏斗坑	无损伤	穿孔
		WT110/3.5-L-2	①	—	下层靶正面	斜	侵彻隧道	无损伤	无损伤
		WT110/3.5-L-4	①	801.3	上层靶正面	正	漏斗坑	无损伤	穿孔
		WT110/3.5-L-5	①	—	下层靶正面	正	侵彻隧道	无损伤	无损伤
		WT110/3.5-L-6	①	805.2	上层靶正面	正	漏斗坑	无损伤	穿孔
		WT110/3.5-L-3	①	—	下层靶正面	正	侵彻隧道	无损伤	无损伤

续表

序号	类型	试件编号	弹着点	着靶速度/(m/s)	迎弹面	着靶姿态	试件损伤现象描述		
							迎弹面混凝土	侧面钢管	背面混凝土
2	半无限混凝土靶	C405-1	①	786.5	底面	—	较大漏斗坑，明显径向裂纹	无损伤	无损伤
		C405-2	①	784.0	正面	斜		无损伤	无损伤
		C405-3	①	798.1	底面	—		无损伤	无损伤
		C405-4	①	805.5	正面	斜		无损伤	无损伤

注：—表示数据未测到或数据无意义。

根据单发打击试验结果，选择 WT140/4.5、WT160/3.5 和 C405 系列试件进行多发打击试验。其中，WT160/3.5-9 试件进行中心相同弹着点的重复打击，WT140/4.5-3 和 WT160/3.5-4 试件进行不同弹着点的多发打击，同时考察结构尺寸变化对抗多发打击性能的影响。按照图 4.2 的设计弹着点编号，从小到大依次进行多发打击试验，试验结果如表 4.5 所示。

表 4.5　蜂窝整体结构和半无限混凝土靶多发打击试验结果

序号	类型	试件编号	弹着点	着靶速度/(m/s)	迎弹面	着靶姿态	试件损伤现象描述		
							迎弹面混凝土	侧面钢管	背面混凝土
1	蜂窝整体结构	WT140/4.5-3	①	801.3	底面	正	漏斗坑	无损伤	无明显损伤
			②	796.2	底面	正	漏斗坑	无损伤	微小滑移
			③	796.5	底面	正	漏斗坑	无损伤	微小滑移
			④	793.7	底面	正	漏斗坑	无损伤	滑移 2.7mm
			⑤	806.8	底面	正	漏斗坑；口部变形	无损伤	无明显损伤
			⑥	802.6	底面	正	漏斗坑；口部变形	无损伤	无明显损伤
2	蜂窝整体结构	WT160/3.5-4	①	797.8	底面	正	漏斗坑	无损伤	无明显损伤
			②	804.2	底面	正	漏斗坑	无损伤	有微小滑移
			③	798.4	底面	正	漏斗坑	无损伤	有微小滑移
			④	798.4	底面	正	漏斗坑	无损伤	滑移 4.1mm
			⑤	801.9	底面	斜	漏斗坑；口部变形	无损伤	无明显损伤
			⑥	800.6	底面	斜	漏斗坑；口部变形	无损伤	无明显损伤
3	蜂窝整体结构	WT160/3.5-9	①	793.3	底面	正	漏斗坑	无损伤	无明显损伤
			①	800.6	底面	正	漏斗坑	无损伤	有微小滑移

续表

序号	类型	试件编号	弹着点	着靶速度/(m/s)	迎弹面	着靶姿态	试件损伤现象描述		
							迎弹面混凝土	侧面钢管	背面混凝土
3	蜂窝整体结构	WT160/3.5-9	①	808.4	底面	正	漏斗坑	无损伤	滑移 28.9mm
			①	797.8	底面	正	击穿	无损伤	形成背部漏斗坑
4	半无限混凝土靶	C405-5	①	801.3	底面	正	漏斗坑	无损伤	无明显损伤
			②	795.2	底面	正	漏斗坑	无损伤	无明显损伤
			③	796.2	底面	正	漏斗坑	无损伤	有微小滑移
			④	807.1	底面	正	漏斗坑	无损伤	有微小滑移
			⑤	794.3	底面	正	漏斗坑	无损伤	有微小滑移
			⑥	794.3	底面	正	漏斗坑	无损伤	滑移 2.98mm

4.2.2 损伤模式

1. 单发打击

图4.3和图4.4分别给出了正六边形蜂窝钢管约束混凝土中心弹着点打击和不同弹着点打击后的损伤情况。可以看出，两种类型试件迎弹面被打击单元均形成漏斗坑，损伤范围控制在被打击单元内，周边单元完好；试件侧面无损伤，无变形；试件背面均基本无损伤，仅被打击单元钢管壁表面混凝土浮浆脱落（由于应力波的作用），近似满足厚靶条件；不同之处在于：不同弹着点打击时，由于弹着点位置偏离试件中心较大，被打击单元内只在靠近弹着点位置的混凝土崩落形成漏斗坑，远离弹着点位置部分混凝土仍保持完好。

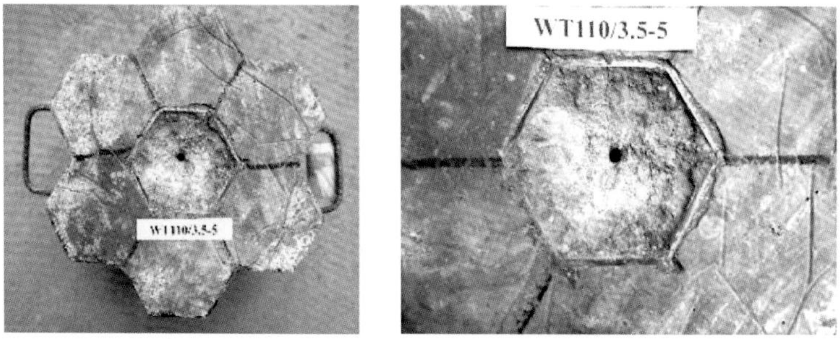

(a) 迎弹面全貌　　(b) 迎弹面漏斗坑

(c) 侧面

(d) 背面

图 4.3　正六边形蜂窝钢管约束混凝土整体结构中心相同弹着点打击后损伤情况

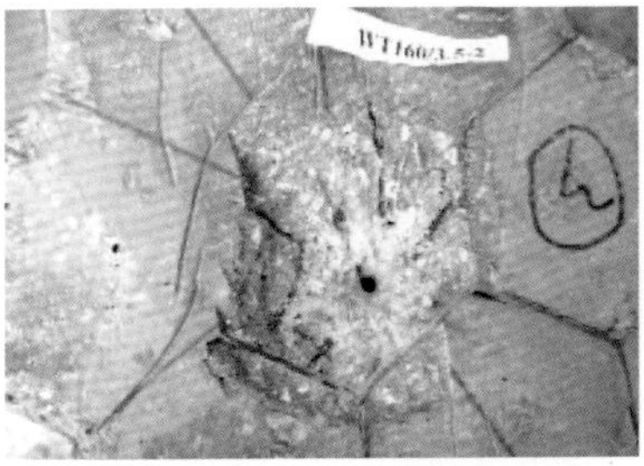

(a) WT160/3.5-2, 弹着点③

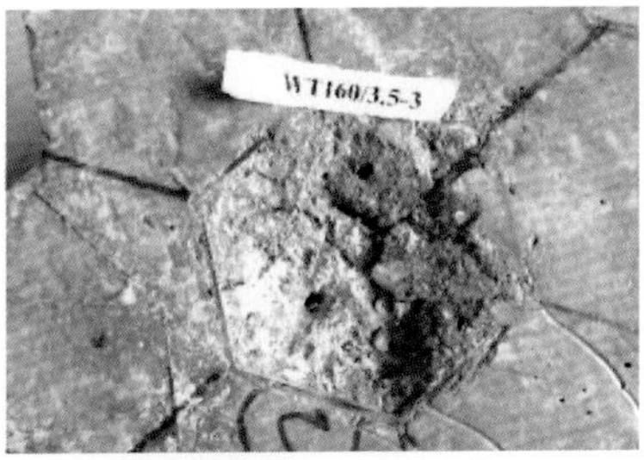

(b) WT160/3.5-3, 弹着点②

(c) WT160/3.5-7, 弹着点⑤、⑥

图 4.4　正六边形蜂窝钢管约束混凝土整体结构中心不同弹着点打击后迎弹面损伤情况

图 4.5 给出了正六边形蜂窝钢管约束混凝土分层结构打击后损伤情况。可以看出，迎弹面和侧面与整体结构类似；上层靶被贯穿，弹孔直径与弹芯直径相当，但下层靶迎弹面无漏斗坑。此外，与有限厚度混凝土靶不同的是，上层靶背面混凝土没有发生剥落现象。

图 4.6 给出了 C405 试件损伤情况，可见由于靶体尺寸较大，迎弹面混凝土产生了较大崩落，并形成了贯通整个靶面的裂纹；靶体侧面无损伤、无变形；靶体背面无损伤，满足厚靶条件。

(a1) 上层靶迎弹面全貌

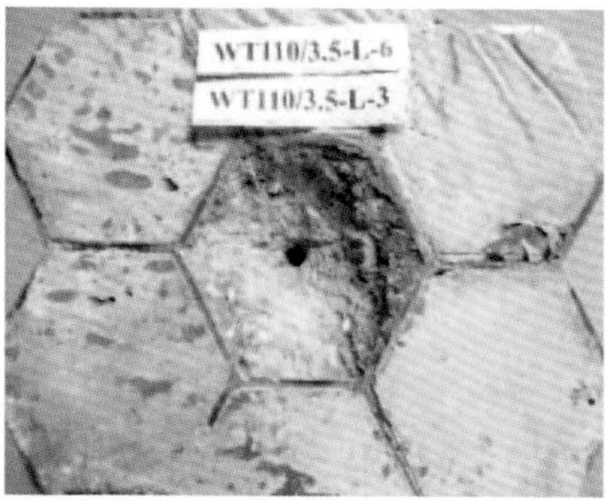

(a2) 上层靶迎弹面漏斗坑

(a3) 上层靶背面

(a4) 上层靶背面被打击单元

(a) 上层靶

(b1) 下层靶迎弹面全貌

(b2) 下层靶迎弹面被打击单元

(b3) 下层靶背面

(b4) 下层靶背面被打击单元

(b) 下层靶

图 4.5　正六边形蜂窝钢管约束混凝土分层结构打击后损伤情况

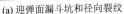

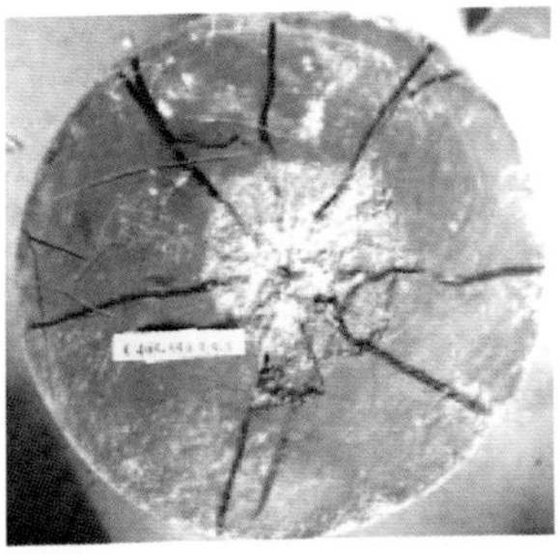
(a) 迎弹面漏斗坑和径向裂纹

(b) 侧面

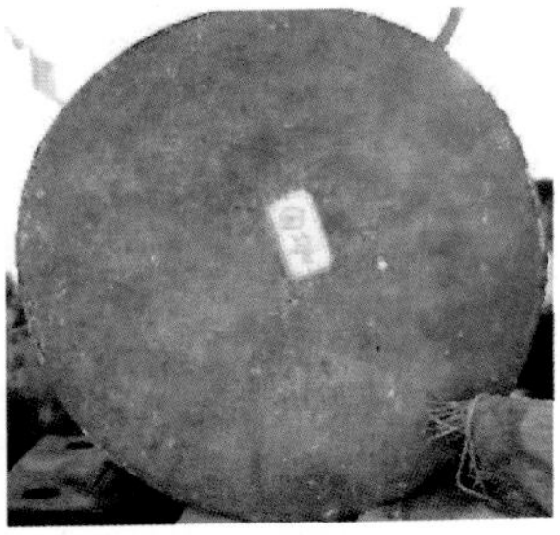
(c) 背面

图 4.6　C405 试件损伤情况

正六边形蜂窝钢管约束混凝土典型试件中心打击后核心混凝土损伤情况如图 4.7 所示，图中给出了试件裂纹较为集中的外侧面。由图可见，被打击单元核心混凝土产生了径向裂纹和环向裂纹，损伤程度与着靶速度和钢管规格等因素有关。随着着靶速度的增大，核心混凝土的裂纹数量增多、宽度增大；钢管壁厚越大或边长越小，钢管的约束作用越强，裂纹数量越少，裂纹的宽度和长度越小。与整体结构相比，分层结构裂纹宽度较大，且较为密集，上层靶破碎严重，形成了贯穿靶体的裂纹，下层靶产生了明显的主裂纹，如图 4.7（i）所示。

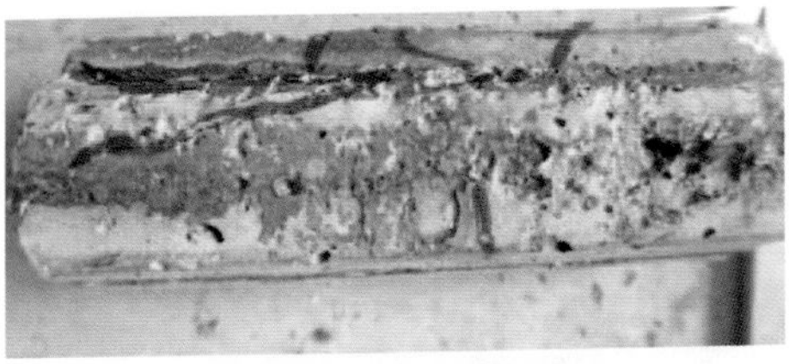
(a) WT80/3.5-6, V_0 = 791.8m/s

(b) WT110/2.5-2, V_0 = 794.9m/s

(c) WT110/3.5-4, V_0 = 590.0m/s

(d) WT110/3.5-6, V_0 = 699.1m/s

(e) WT110/3.5-5, V_0 = 785.2m/s

(f) WT140/4.5-2, V_0 = 792.7m/s

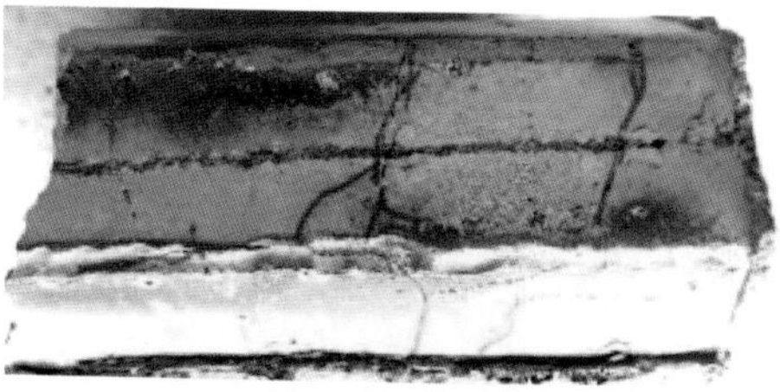

(g) WT160/3.5-5, V_0 = 790.2m/s

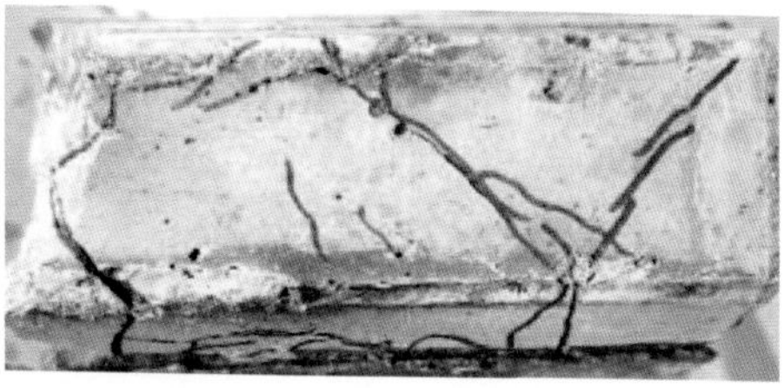

(h) WT160/3.5-1, V_0 = 774.3m/s

(i) WT110/3.5-L-4/5, V_0 = 801.3m/s

图 4.7　正六边形蜂窝结构中心打击后核心混凝土损伤情况

图 4.8 为正六边形蜂窝整体结构典型试件不同弹着点打击后核心混凝土损伤情况。由图可见，在距离弹着点较近一侧的混凝土产生了较为密集的径向裂纹、环向裂纹和轴向裂纹（图中用红色彩笔标注），并且有明显的主裂纹；远离弹着点一侧的裂纹较少，裂纹宽度较小；与中心弹着点相比，非中心弹着点的裂纹宽度明显增大，混凝土损伤更加严重。

(a) WT160/3.5-3, 弹着点②

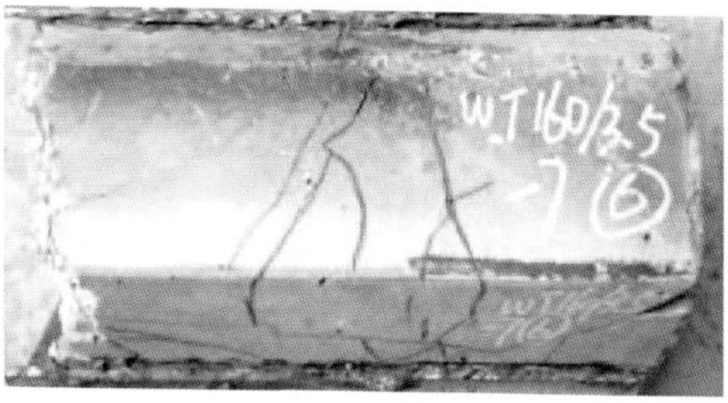

(b) WT160/3.5-7, 弹着点⑥

图 4.8　正六边形蜂窝整体结构典型试件不同弹着点打击后核心混凝土损伤情况

图 4.9 给出了去除钢管后半无限混凝土靶侧面裂纹情况。由图可见，半无限混凝土靶侧面产生明显的径向裂纹和环向裂纹，裂纹数量少，但裂纹范围较大。

为了观察蜂窝整体结构的弹道情况，将被打击单元沿弹道解剖，图 4.10 给出了蜂窝整体结构中心打击后的弹道剖面。由图可见，试件弹孔直径与弹芯直径大体一致，大部分试件核心混凝土的弹道较为完整，与结构单元（图 2.21）比较，偏转较小，这是由于核心混凝土受到周边单元和钢管的共同约束作用，约束作用增强，弹丸在侵彻过程中就不容易发生偏转。

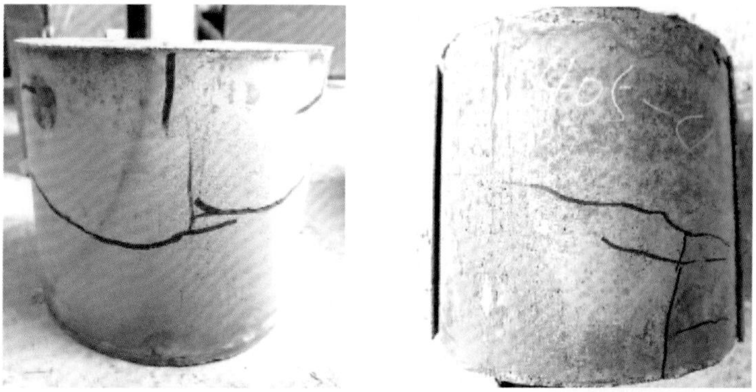

(a) C405-3　　(b) C405-4

图 4.9　去除钢管后半无限混凝土靶侧面裂纹情况

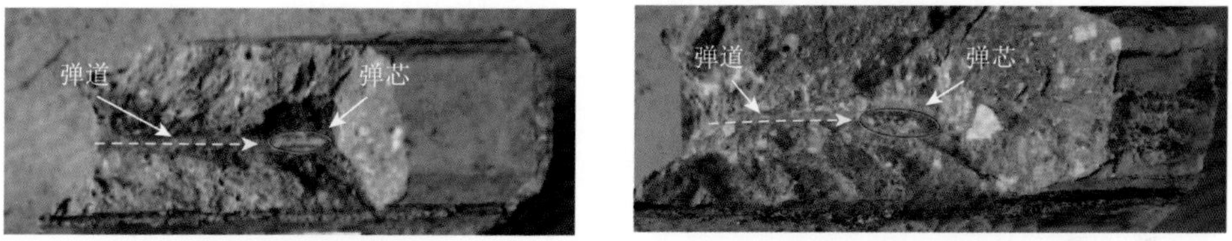

(a) WT110/3.5-5, 弹道小偏转　　(b) WT110/4.5-2, 弹道小偏转

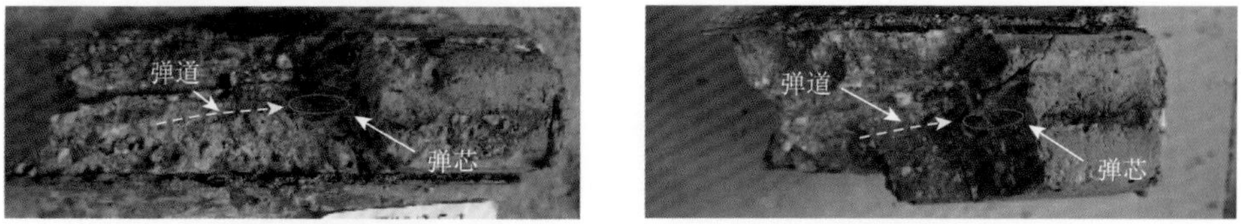

(c) WT80/3.5-1, 弹道小偏转　　(d) WT140/4.5-2, 弹道小偏转

图 4.10　蜂窝整体结构中心打击后的弹道剖面

图 4.11 给出了蜂窝整体结构不同弹着点打击的弹道剖面。由图可见，由于偏心入射，钢管和周边单元产生非对称约束，被打击单元弹道有明显偏转，但是弹芯无明显变形，可视为刚性弹。

综上所述，单发打击下蜂窝整体结构被打击单元核心混凝土的损伤模式与正六边形钢管约束混凝土结构单元相同；而蜂窝分层结构上层靶被贯穿，迎弹面出现漏斗坑，但上层靶背面混凝土无剥落，下层靶迎弹面无漏斗坑；弹丸非中心入射时，被打击单元内在靠近弹着点处混凝土崩落明显，远离弹着点位置仍有部分混凝土保持完好，混凝土侧面裂纹增多，弹道偏转明显增大。

(a) WT160/3.5-2, 弹着点③

(b) WT160/3.5-3, 弹着点②

(c) WT160/3.5-7, 弹着点⑤

(d) WT160/3.5-7, 弹着点⑥

图 4.11　蜂窝整体结构不同弹着点打击的弹道剖面

2. 多发打击

蜂窝钢管约束混凝土在多发打击下核心混凝土损伤模式与单发打击类似，如图 4.12 所示。

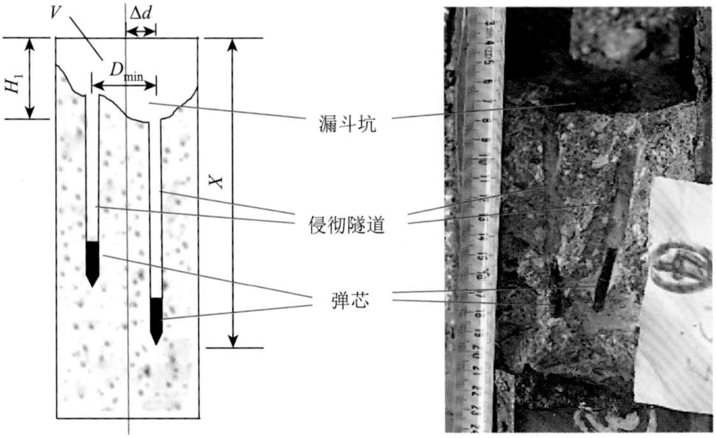

图 4.12　多发打击下核心混凝土损伤参数示意图

图 4.13 为多发打击后试件的迎弹面损伤情况。由图可见，所有试件迎弹面都形成了漏斗坑，实际弹着点与设计弹着点（图 4.2）存在一定的偏差，但没有重弹现象；WT140/4.5-3 和 WT160/3.5-4 试件由于钢管壁的阻裂、阻波作用，四发打击后仅中心

单元产生了漏斗坑，钢管壁没有明显的塑性变形；六发打击后，混凝土损伤仍限制在受打击单元内，但与中心单元相连的钢管壁由于失去了混凝土的支撑作用，产生了明显的弯曲变形；C405-5 试件六发打击后，混凝土损伤范围覆盖了整个试件。

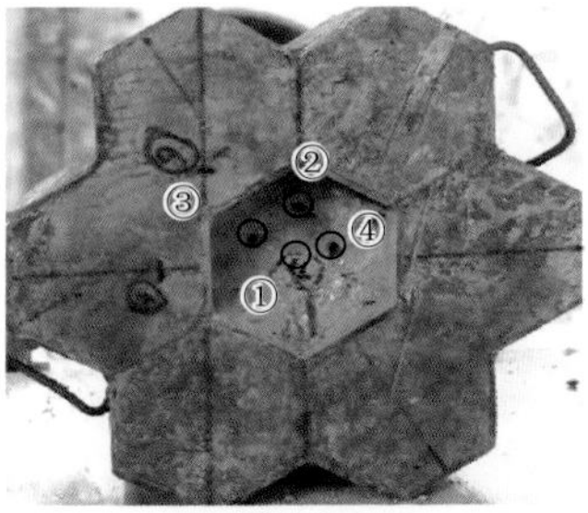

(a1) 四发打击后

(a2) 六发打击后

(a) WT140/4.5-3

(b1) 四发打击后

(b2)六发打击后

(b) WT160/3.5-4

(c) C405-5(六发打击后)

图 4.13　多发打击后试件的迎弹面损伤情况

图 4.14 为六发打击后试件的背面损伤情况。由图可见，C405-5 试件背面混凝土没有明显损伤；WT140/4.5-3 和 WT160/3.5-4 试件除钢管壁处浮浆由于应力波的作用而脱落外，背面混凝土没有损伤。因此，所有试件均可视为厚靶。此外，所有试件侧面钢管没有明显的塑性变形。

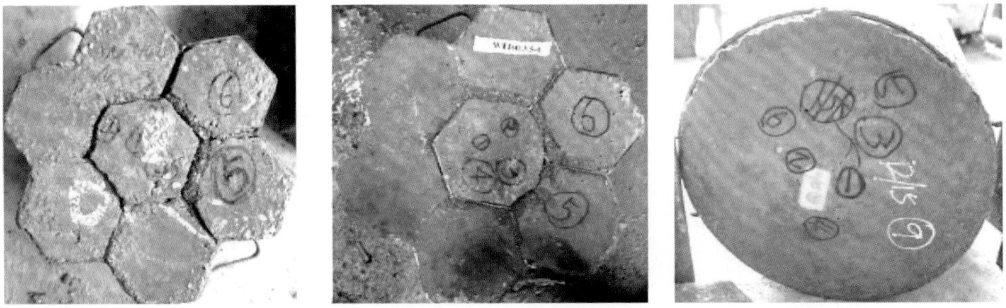

(a) WT140/4.5-3　　(b) WT160/3.5-4　　(c) C405-5

图 4.14　六发打击后试件的背面损伤情况

图 4.15 给出了 WT160/3.5-9 试件中心重复打击后的损伤情况。由图可见，随着打击次数的增加，中心单元迎弹面漏斗坑和弹孔直径明显增大，但由于中心单元钢管的约束作用，周边单元没有损伤；侧面钢管无损伤，无塑性变形；第一发打击后中心单元核心混凝土背面无明显损伤，第二发打击后产生了微小的滑移，第三发打击后产生了明显滑移，滑移量达 28.9mm；第四发击穿试件，背部产生了震塌效应，形成了漏斗坑。

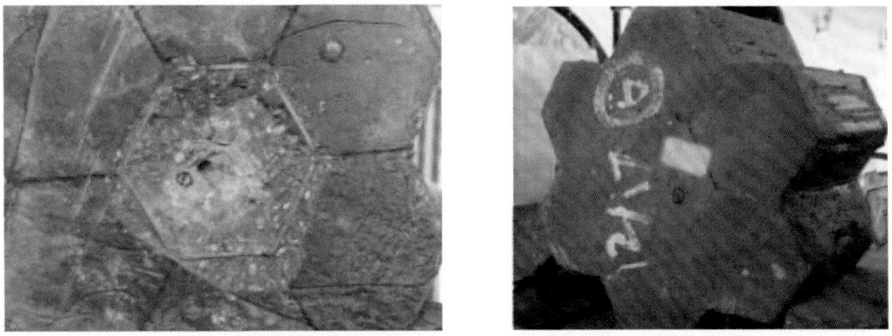

(a1) 迎弹面　　(a2) 背面

(a) 第一发打击

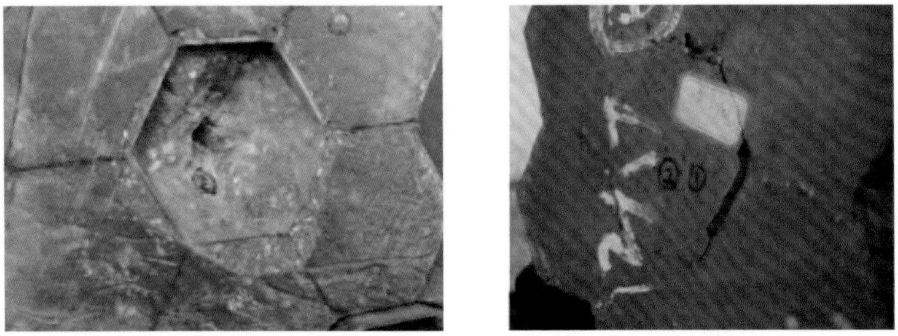

(b1) 迎弹面　　(b2) 背面

(b) 第二发打击

(c1) 迎弹面

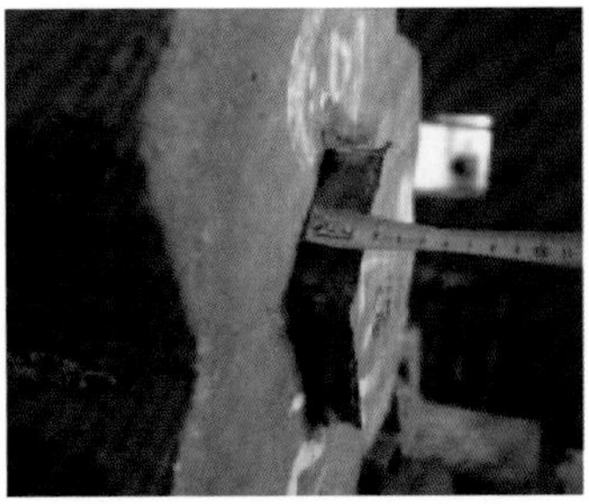

(c2) 背面

(c) 第三发打击

(d1) 迎弹面

(d2) 背面

(d) 第四发打击

图 4.15　WT160/3.5-9 试件中心重复打击后的损伤情况

图 4.16 为蜂窝结构及 C405 试件多发打击后侧面损伤情况。由图可见，WT140/4.5 和 WT160/3.5 试件被打击单元的核心混凝土侧面产生了径向、环向和轴向裂纹，但裂纹宽度较小；而 C405 试件侧面裂纹宽度较大，且延伸到了底面。核心混凝土侧面损伤程度与钢管规格和打击次数等因素有关，打击次数越多，裂纹数量越多，且裂纹宽度越大；钢管外径越小或壁厚越大，钢管对核心混凝土的约束作用越强，裂纹数量越少，裂纹宽度也越小。中心单元为多发打击，核心混凝土裂纹较多、宽度较大；而周边单元为单发打击，核心混凝土裂纹较少、宽度较小，且以环向裂纹为主。

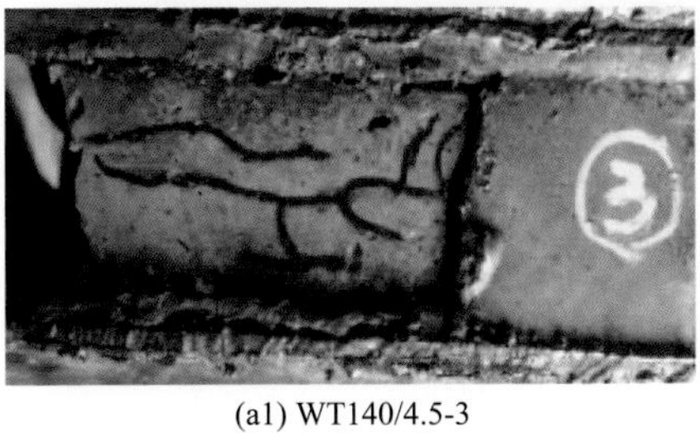

(a1) WT140/4.5-3

(a2) WT160/3.5-4

(a) 中心单元

(b1) WT140/4.5-3

(b2) WT160/3.5-4

(b) 弹着点⑤单元

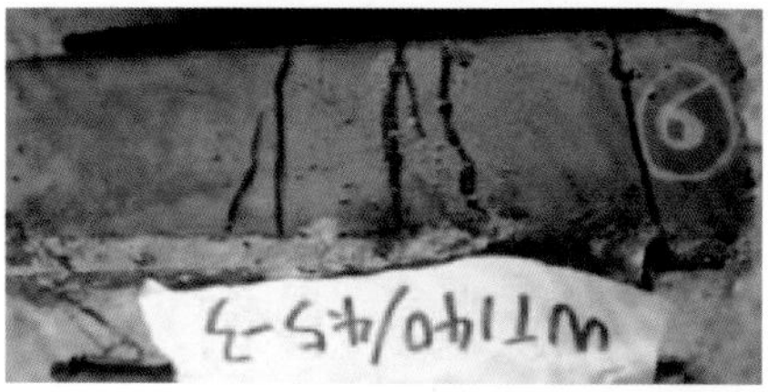

(c1) WT140/4.5-3

(c2) WT160/3.5-4

(c) 弹着点⑥单元

(d) C405-5

图 4.16　蜂窝结构及 C405 试件多发打击后侧面损伤情况

图 4.17 给出了 C405 试件弹芯位置，图 4.18 给出了 WT140/4.5-3 和 WT160/3.5-4 试件的典型弹道剖面。C405 试件混凝土破碎严重，未能得到较为完整的弹道剖面。

(a) 整体情况

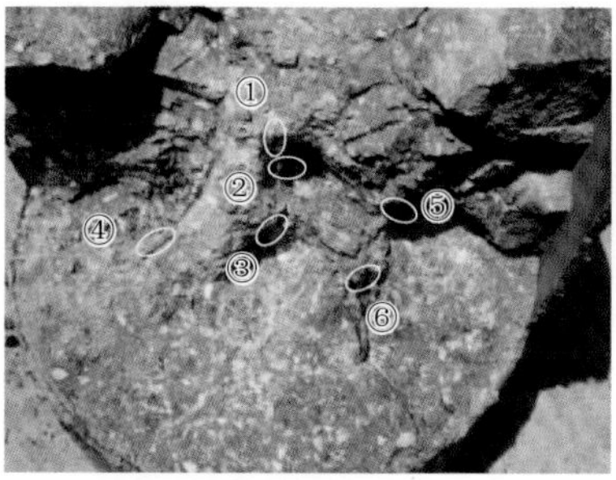

(b) 局部情况

图 4.17　C405 试件弹芯位置

(a1) 第二发打击

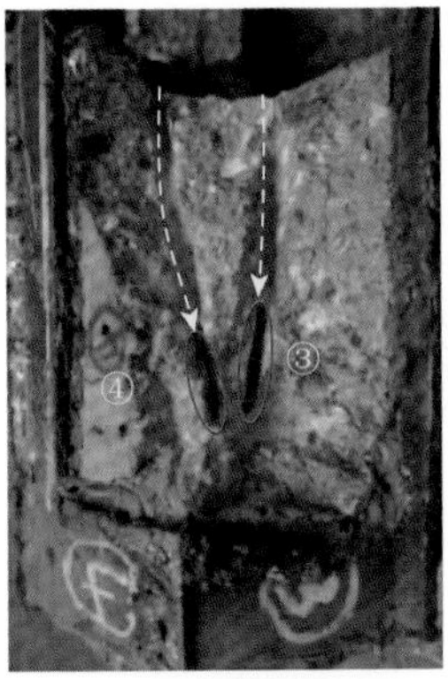

(a2) 第三、四发打击

(a) WT140/4.5-3

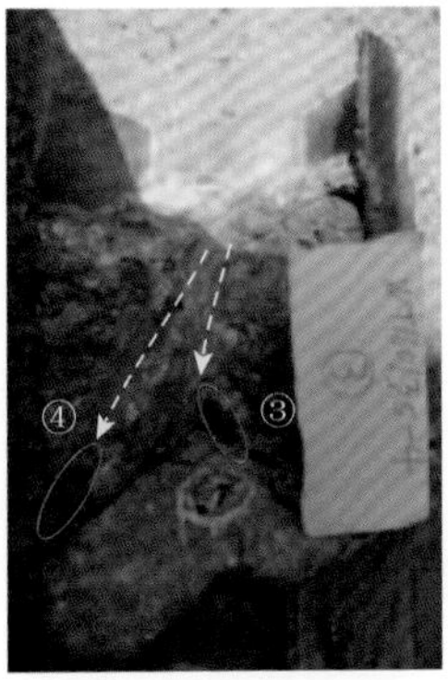

(b1) 第三、四发打击

(b2) 第五发打击

(b) WT160/3.5-4

图 4.18　WT140/4.5-3 和 WT160/3.5-4 试件的典型弹道剖面

由图 4.17 和图 4.18 可知，由于弹丸结构的复杂性、混凝土材料的不均匀性和首发打击产生的损伤（漏斗坑、裂纹和弹孔）等因素的影响，弹道有不同程度的偏转；第三、四发偏转较大，但没有弹道交叉现象，而 WT160/3.5-4 试件的第五发由于斜入射弹道，偏转程度更大；弹芯无塑性变形，弹孔直径与弹芯直径相当。

综上所述，硬芯枪弹侵彻蜂窝钢管约束混凝土的过程包括开坑和隧道侵彻两个阶段，弹丸在开坑阶段解体，弹芯在隧道侵彻阶段扩孔形成隧道状弹孔，并产生一定程度的偏转；所有损伤范围均被控制在被打击单元内，周边单元完好；单发打击时，核心混凝土的损伤模式为限制在蜂窝钢管单元内的漏斗坑+弹芯侵彻形成的隧道+侧面裂纹。分层结构的损伤模式为上层靶漏斗坑+上层靶隧道+下层靶弹孔+下层靶隧道+侧面裂纹，分层结构的上层靶破坏比整体结构严重；中心重复打击时，被打击单元迎弹面漏斗坑深度明显增大；不同弹着点多发打击时，混凝土的破坏被限制在被打击单元内，比半无限混凝土靶的破坏范围明显减小；与单发打击相比，多发打击时，核心混凝土裂纹较多、宽度较大，混凝土损伤更为严重。

4.2.3 漏斗坑参数分析

1. 单发打击

表 4.6 给出了单发打击时混凝土主要损伤参数。图 4.19 给出了设计着靶速度为 800m/s 的蜂窝整体结构和半无限混凝土靶漏斗坑体积对比，阴影部分的上、下线分别表示最大值和最小值，其中 C405-B 和 C405-T 分别表示 C405 试件的迎弹面为试件的底面和正面。由表 4.6 和图 4.19 可见：

（1）钢管边长（外径）对漏斗坑体积有明显影响，整体上，随着边长（外径）的增加，漏斗坑体积增大，与 WT80/3.5 试件相比，WT110/3.5 和 WT160/3.5 试件的平均漏斗坑体积分别增大了约 15%和 171%。

（2）壁厚对漏斗坑体积有一定影响，但影响不显著，WT80 试件壁厚由 2.5mm 提高到 3.5mm，平均漏斗坑体积增加约 38%，而 WT110 试件壁厚由 2.5mm 提高到 3.5mm 和 4.5mm，平均漏斗坑体积分别减小了约 25%和 23%。

（3）C405 试件迎弹面平面尺寸较大，在弹丸的撞击作用下产生了较大范围的崩落，其漏斗坑体积是 WT110/3.5 试件（蜂窝整体结构）的 3～9 倍。此外，由于自密实混凝土在重力作用下底部粗骨料密集，顶部粗骨料稀疏，C405 试件正面打击的漏斗坑体积是底面打击的 1.3～1.6 倍。

表 4.6　单发打击混凝土主要损伤参数

序号	试件编号	弹着点	V_0/(m/s)	迎弹面	Δd/mm	V/mL	H_1/mm	X/mm	备注
1	WT80/2.5-1	①	798.4	底面	4	50	33	135.6*	钢管穿孔
	WT80/2.5-2	①	800.3	正面	0	40	32	176.2*	钢管穿孔
	WT80/2.5-3	①	806.1	底面	0	50	32	157.0	
2	WT80/3.5-1	①	797.4	底面	6	55	37	136.8	
	WT80/3.5-3	①	784.9	正面	2	55	24	144.3*	粗骨料稀疏
	WT80/3.5-4	①	794.3	底面	6	80	31	123.4*	钢管鼓包
	WT80/3.5-6	①	791.8	底面	9	50	34	135.3	
	WT80/3.5-9	①	787.1	底面	6	85	35	138.6	

续表

序号	试件编号	弹着点	V_0/(m/s)	迎弹面	Δd/mm	V/mL	H_1/mm	X/mm	备注
3	WT110/2.5-1	①	787.4	正面	7	85	28	146.8*	粗骨料密集
	WT110/2.5-2	①	794.9	底面	8	90	34	159.7	
	WT110/2.5-3	①	794.0	底面	5	125	41	162.1	
4	WT110/3.5-1	①	797.1	正面	0	95	27	141.8*	斜入射
	WT110/3.5-2	①	683.5	正面	0	75	25	105.9*	斜入射
	WT110/3.5-4	①	590.0	正面	10	70	23	79.1	
	WT110/3.5-5	①	785.2	底面	0	95	40	152.2	
	WT110/3.5-6	①	699.1	底面	8	55	22	122.1	
	WT110/3.5-7	①	790.2	底面	4	90	41	152.8	
	WT110/3.5-9	①	596.8	底面	0	45	19	74.8	
5	WT110/4.5-1	①	790.5	底面	4	80	40	148.6	
	WT110/4.5-2	①	793.3	正面	8	80	30	142.1	
	WT110/4.5-3	①	797.1	底面	10	70	36	132.4*	斜入射
6	WT140/4.5-1	①	792.4	底面	0	185	26	130.6	
	WT140/4.5-2	①	792.7	底面	4	135	24	134.1	
7	WT160/3.5-1	①	774.3	底面	0	150	29	111.0*	斜入射
	WT160/3.5-5	①	790.2	底面	2	150	26	152.2	
	WT160/3.5-2	③	797.1	底面	7	90	27	139.6	
	WT160/3.5-3	②	793.0	底面	8	230	35	148.1	
	WT160/3.5-7	⑤	796.8	底面	8	250	38.2	172.2	
		⑥	789.3	底面	8	140	33.1	167.1	
	WT160/3.5-8	①	791.5	底面	8	220	33	132.2*	斜入射
8	WT110/3.5-L-1	①	792.4	上层	10	90	25	159.4*	斜入射
	WT110/3.5-L-2	①		下层	—	—	—		
	WT110/3.5-L-4	①	801.3	上层	0	130	41	170.5	
	WT110/3.5-L-5	①		下层	—	—	—		
	WT110/3.5-L-6	①	805.2	上层	5	105	38	174.7	
	WT110/3.5-L-3	①		下层	—	—	—		
9	C405-1	①	786.5	底面	—	320	40	141.0	
	C405-2	①	784.0	正面	—	420	36	153.8	
	C405-3	①	798.1	底面	—	255	41	133.0	
	C405-4	①	805.5	正面	—	350	40	162.1	

注：—表示数据未测到或数据无意义，*表示异常数据，对于弹着点②～⑥，Δd 为弹孔中心与设计弹着点之间的距离。

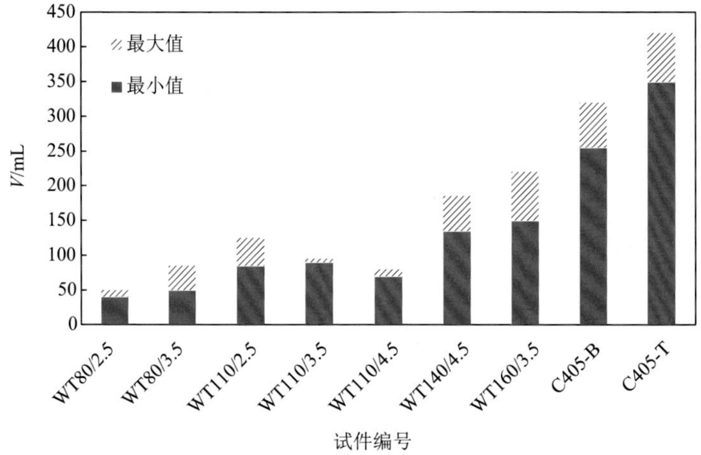

图 4.19　蜂窝整体结构和半无限混凝土靶漏斗坑体积对比（设计着靶速度为 800m/s）

图 4.20 给出了不同类型蜂窝结构漏斗坑体积对比，其中，WT110/3.5-600、WT110/3.5-700、WT110/3.5-800 表示设计着靶速度分别为 600m/s、700m/s、800m/s 的 WT110/3.5 试件；WT110/3.5-L 表示分层结构；WT160/3.5-②、WT160/3.5-③、WT160/3.5-⑤和 WT160/3.5-⑥分别表示设计弹着点位置为②、③、⑤和⑥的 WT160/3.5 试件。图 4.21 和图 4.22 分别给出了设计着靶速度为 800m/s 时不同类型试件漏斗坑深度对比，阴影部分的上、下线分别表示最大值和最小值。

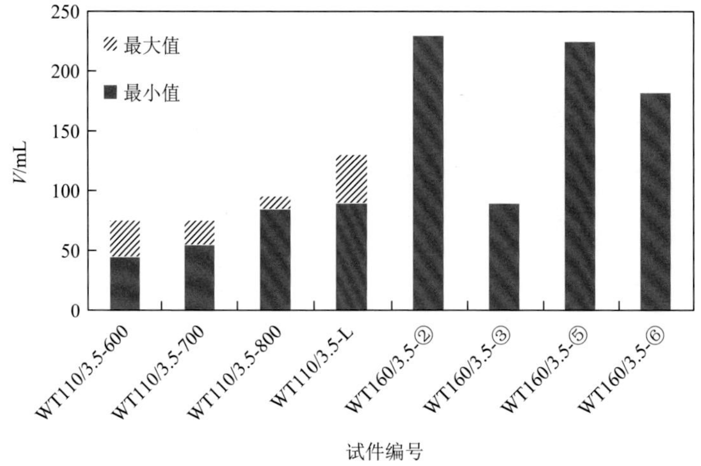

图 4.20　不同类型正六边形蜂窝结构漏斗坑体积对比

由图 4.20 可知，漏斗坑体积与弹丸着靶速度、钢管约束混凝土的类型等因素有关。

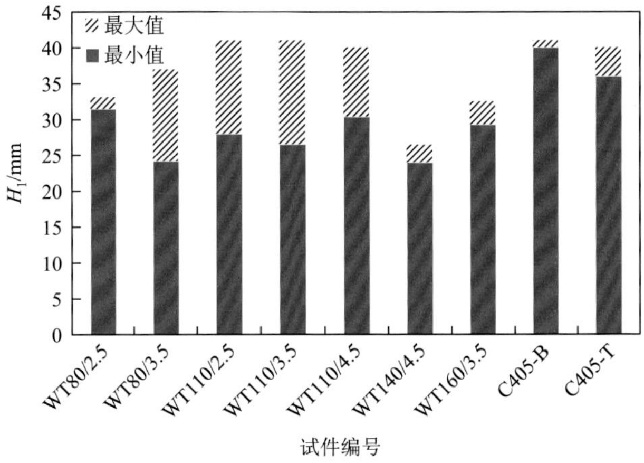

图 4.21　蜂窝整体结构和半无限混凝土靶漏斗坑深度对比（设计着靶速度为 800m/s）

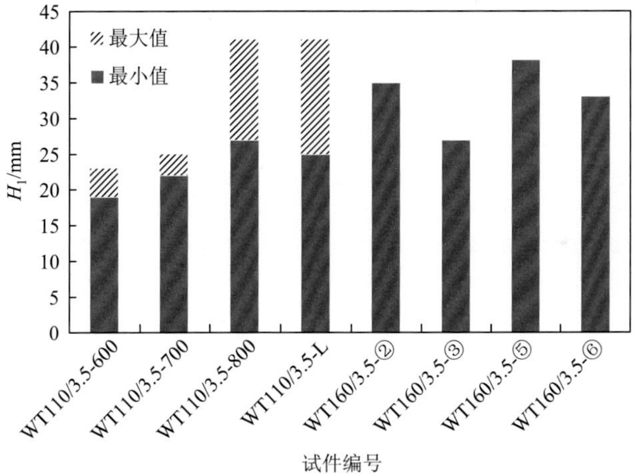

图 4.22　不同类型正六边形蜂窝结构漏斗坑深度对比

（1）弹丸着靶速度对漏斗坑体积有明显影响，着靶速度越高，漏斗坑体积越大，对于 WT110/3.5 系列试件，着靶速度为 800m/s 时漏斗坑体积比着靶速度为 700m/s 和 600m/s 时分别增大了 44%和 62%。

（2）分层效应增大了漏斗坑体积。由于分层增加了靶的自由面，周边单元对中心单元的约束作用有所降低，分层结构的漏斗坑体积比相同规格的整体结构增大了 16%。

（3）弹着点对漏斗坑体积也有一定影响。与 WT160/3.5 系列试件中心弹着点打击的漏斗坑体积相比，弹着点位置为②和⑤时分别增大约 33%和 44%，弹着点位置为③和⑥时分别减小约 48%和 19%。

由图 4.21 和图 4.22 可知：

（1）着靶速度对漏斗坑深度影响明显。在 WT110/3.5 系列试件中，当着靶速度为 800m/s 左右时，漏斗坑深度约为 3 倍弹丸直径；当着靶速度为 700m/s 左右时，漏斗坑深度约为 2 倍弹丸直径；当着靶速度为 600m/s 左右时，漏斗坑深度为 1～2 倍弹丸直径。

（2）钢管壁厚和边长对漏斗坑深度的影响不明显。设计着靶速度为 800m/s 时，蜂窝整体结构、分层结构和半无限混凝土靶的漏斗坑深度均约为 3 倍弹丸直径。

（3）弹着点位置对漏斗坑深度的影响明显。弹着点位置为③时漏斗坑深度最小，弹着点位置为⑤时漏斗坑深度最大，可达弹丸直径的 3.8 倍。

2. 多发打击

表 4.7 给出了多发打击混凝土主要损伤数据。其中，D_{min} 为本发弹丸与前一发弹丸在漏斗坑底部形成的弹孔中心的最短距离（图 4.12）。

表 4.7　多发打击混凝土主要损伤参数

试件编号	弹着点	V_0/(m/s)	Δd/mm	D_{min}/mm	V/mL	H_1/mm	X/mm	备注
WT140/4.5-3	①	801.3	0	0	—	70.6	136.6	
	②	796.2	26.2	26.2	—	74.7	166.7	弹道偏转
	③	796.5	24.5	24.5	—	70.5	181.7	
	④	793.7	28.9	28.9	550	73.6	181.4	弹道偏转
	⑤	806.8	87.1	62.4	200	50.0	167.5	
	⑥	802.6	89.5	65.0	200	56.8	177.9	
WT160/3.5-4	①	797.8	11.8	0	—	61.7	153.3	
	②	804.2	34.0	45.6	—	50.8	165.2	
	③	798.4	36.9	40.0	—	69.8	158.3	弹道偏转
	④	798.4	34.2	29.6	530	80.1	187.1	弹道偏转
	⑤	801.9	110.9	50.1	200	57.5	132.0	斜入射
	⑥	800.6	123.0	87.7	225	47.5	155.2	斜入射
WT160/3.5-9	①	793.3	—	—	—	—	—	重复打击第 1 枪
	①	800.6	—	—	—	—	—	重复打击第 2 枪
	①	808.4	—	—	—	—	—	重复打击第 3 枪
	①	797.8	9.6	—	550	65.8	击穿	重复打击第 4 枪
C405-5（底面打击）	①	801.3	16.8	0	—	95.6	133.6	骨料密集
	②	795.2	46.2	46.2	—	95.6	169.2	弹道偏转

续表

试件编号	弹着点	V_0/(m/s)	Δd/mm	D_{min}/mm	V/mL	H_1/mm	X/mm	备注
C405-5（底面打击）	③	796.2	41.0	40.5	—	89.7	203.7	
	④	807.1	30.1	33.0	—	93.1	222.6	
	⑤	794.3	88.8	59.3	—	72.8	200.7	
	⑥	794.3	82.6	63.4	4250	104.8	180.6	

注：—表示数据未测到或数据无意义。

图 4.23 给出了六发打击和四发打击后试件漏斗坑体积对比，图 4.24 给出了不同弹着点试件的漏斗坑深度对比。可以看出，WT140/4.5-3 和 WT160/3.5-4 试件的漏斗坑体积和深度差异不大，与 C405-5 试件相比，其六发打击后的漏斗坑体积分

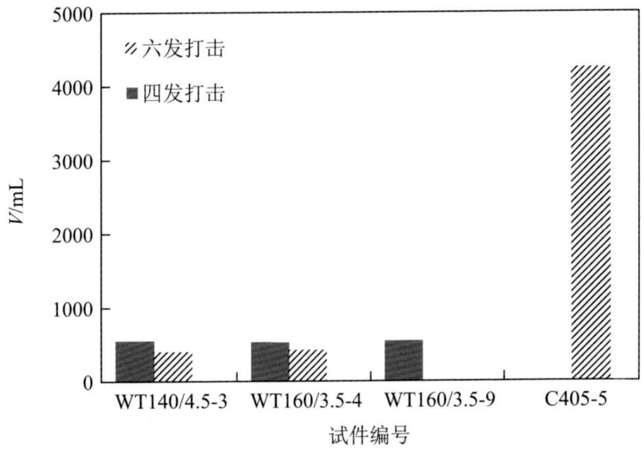

图 4.23　多发打击后试件漏斗坑体积对比

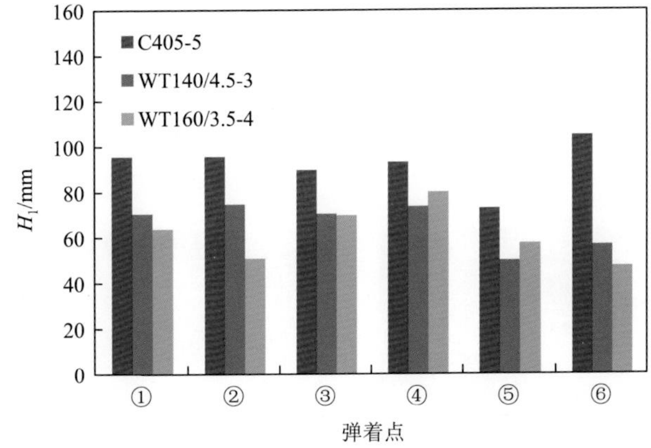

图 4.24　不同弹着点多发打击的漏斗坑深度对比

别减小 95.3%和 94.7%，各弹着点漏斗坑深度减小 14.0%～54.7%。其原因主要是：一方面，蜂窝钢管的阻裂、阻波作用限制了混凝土的损伤范围，漏斗坑被限制在蜂窝钢管单元内；另一方面，蜂窝钢管的径向约束作用使核心混凝土处于三向受压状态，提高了混凝土的极限变形能力和强度。

4.2.4　侵彻深度数据分析

1. 单发打击

本书采用的混凝土为有粗骨料的自密实混凝土，对于 C405 试件，由于直径和靶厚均较大，在重力作用下粗骨料容易下沉，试件上下部混凝土的差异较大，因此对靶正面、底面打击的损伤和侵彻深度有一定的影响。而蜂窝钢管约束混凝土的钢管壁厚度和边长均较小，试件上下部混凝土差别不大，因此正面打击和底面打击的侵彻深度数据差别也不大，可以忽略正面和底面打击的影响。

为了更好地进行侵彻深度数据分析，将斜入射、钢管鼓包和穿孔及粗骨料密集或稀疏导致侵彻深度异常的数据视为无效数据（表 4.6 中用*标注）。其中，WT110/3.5-1、WT110/3.5-2、WT110/4.5-3、WT160/3.5-1、WT160/3.5-8 和 WT110/3.5-L-1 等试件弹丸斜入射；WT110/2.5-1 试件中心单元粗骨料密集，侵彻深度偏小，如图 4.25（a）所示；WT80/3.5-3 试件中心单元粗骨料稀疏，侵彻深度偏大，如图 4.25（b）所示；WT80/2.5-1 和 WT80/2.5-2 试件被打击单元钢管穿孔，WT80/3.5-4 试件被打击单元钢管鼓包，如图 4.26 所示。

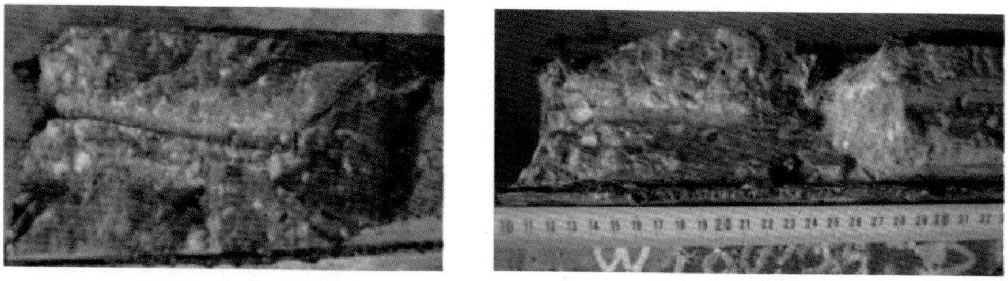

(a) WT110/2.5-1, 粗骨料密集　　(b) WT80/3.5-3, 粗骨料稀疏

图 4.25　粗骨料异常情况

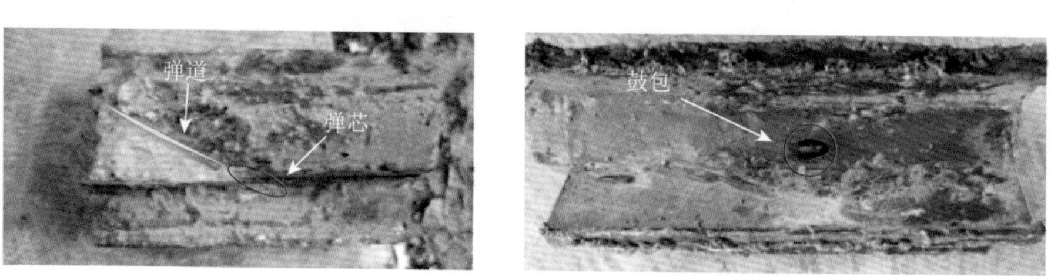

(a) WT80/2.5-1　　(b) WT80/3.5-4

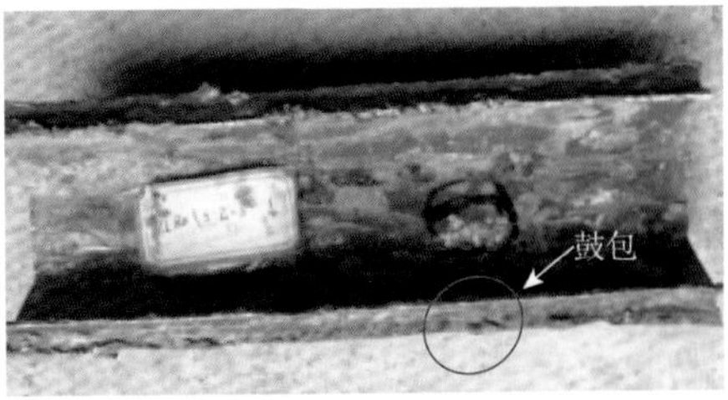

(c) WT80/2.5-2

图 4.26　蜂窝结构中心单元钢管穿孔、鼓包现象

剔除无效数据后，侵彻深度有效数据离散性较小。为比较靶的类型和钢管规格对抗侵彻性能的影响，图 4.27 给出了设计着靶速度为 800m/s 时不同类型试件中心单发打击的侵彻深度对比。由图可知：

（1）分层效应增加了自由面，降低了试件的抗侵彻能力，与 WT110/3.5 系列试件对比，WT110/3.5-L 试件的侵彻深度增加约 14%。

（2）钢管壁厚对靶的抗侵彻能力有明显影响，在边长（外径）相同条件下，壁厚越大，钢管约束作用越强，侵彻深度越小。WT80/3.5 系列试件的侵彻深度比 WT80/2.5 系列试件减小约 12.8%，WT110/4.5 系列试件的侵彻深度分别比 WT110/2.5 和 WT110/3.5 系列试件减小约 10%和 5%。

（3）钢管边长（外径）对靶抗侵彻能力有影响，但不够显著。WT160/3.5 系列试件的侵彻深度与 WT110/3.5 系列试件相近，比 WT80/3.5 系列试件增大约 12%；WT110/2.5 系列试件的侵彻深度与 WT80/2.5 系列试件相当，但 WT140/4.5 系列试件的侵彻深度比 WT110/4.5 系列试件减小约 9%。这表明钢管的边长和壁厚存在较优匹配。

（4）C405 系列试件由于上下部混凝土不均匀，下部粗骨料较多，底面打击比正面打击的侵彻深度明显减小，C405 系列试件的侵彻深度比 WT140/4.5 系列试件增大约 19%。

因此，合理设计钢管边长和壁厚可有效提高蜂窝钢管约束混凝土的抗侵彻能力，使其侵彻深度明显小于半无限混凝土靶。

图 4.28 给出了 WT160/3.5 系列试件不同弹着点单发打击的侵彻深度对比。由图可知，弹着点对侵彻深度有明显影响。弹着点①、②、③位于中心单元，弹着点②和③的侵彻深度分别比弹着点①减小 3%和 8%，说明弹着点越靠近钢管壁，侵彻深度越小，抗侵彻能力越强，其原因是靠近钢管壁的约束刚度明显提高，同时受非对称阻力作用，弹道偏转严重；弹着点⑤和⑥位于周边单元，其侵彻深度分别比弹着点①增大 13%和 10%，其原因是周边单元外围的约束作用减小，相应的约束刚度减小，因此其抗侵彻能力降低。

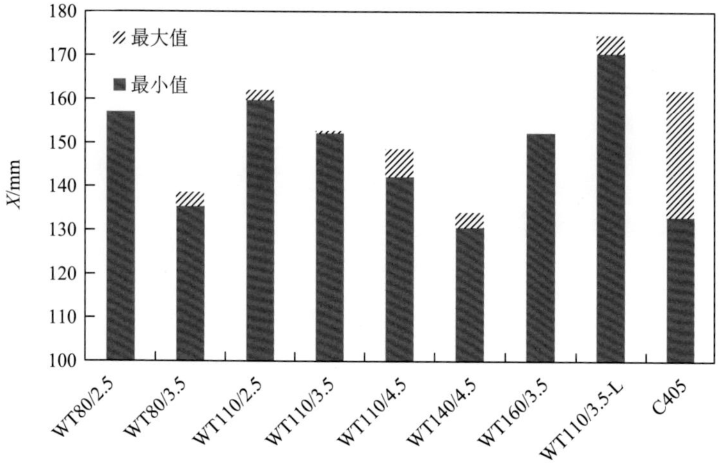

图 4.27　不同类型试件中心单发打击的侵彻深度对比（正六边形蜂窝结构）

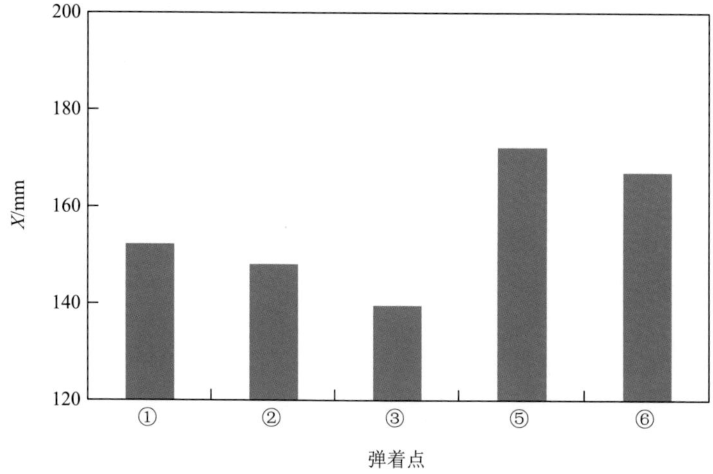

图 4.28　WT160/3.5 系列试件不同弹着点单发打击的侵彻深度对比

图 4.29 给出了 WT110/3.5 系列试件在 600m/s、700m/s 和 800m/s 三个设计着靶速度下侵彻深度数据的拟合曲线，相关系数 $R^2 = 0.9951$。由图可知，着靶速度越高，侵彻深度越大，着靶速度 800m/s 左右的侵彻深度比着靶速度 600m/s 左右增大了近一倍，侵彻深度与着靶速度近似呈二次函数关系。

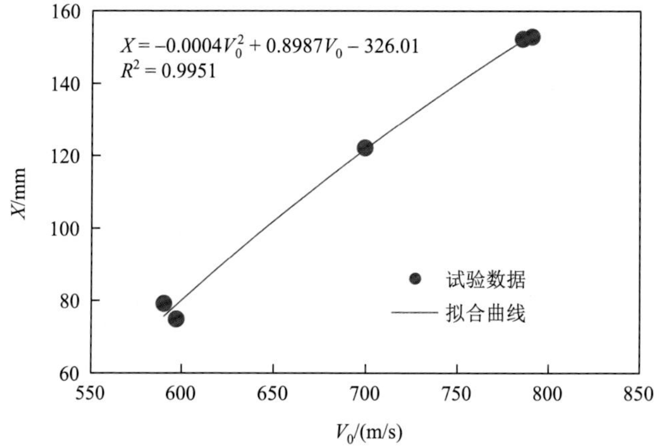

图 4.29　WT110/3.5 系列试件侵彻深度与着靶速度的关系

图 4.30 给出了设计着靶速度为 800m/s 时正六边形蜂窝钢管约束混凝土侵彻深度与含钢率的关系，图 4.31 给出了侵彻深度与钢管尺寸匹配关系。由图可知，整体上，随着含钢率的增大，试件的抗侵彻能力提高，但存在较优的钢管尺寸匹配。对于本节试验，WT140/4.5 系列（含钢率约 7%）为较优匹配，其抗侵彻性能明显优于相近含钢率和更高含钢率的试件。其原因是钢管约束混凝土的约束作用包括钢管对核心混凝土的约束作用和外围小变形区域混凝土对弹孔附近混凝土的约束作用（以下称为混凝土的自约束作用）。在一定范围内，钢管边长越小，钢管的约束作用越强，而混凝土的自约束作用越弱；反之，钢管边长越大，钢管的约束作用越弱，而混凝土的自约束作用越强。

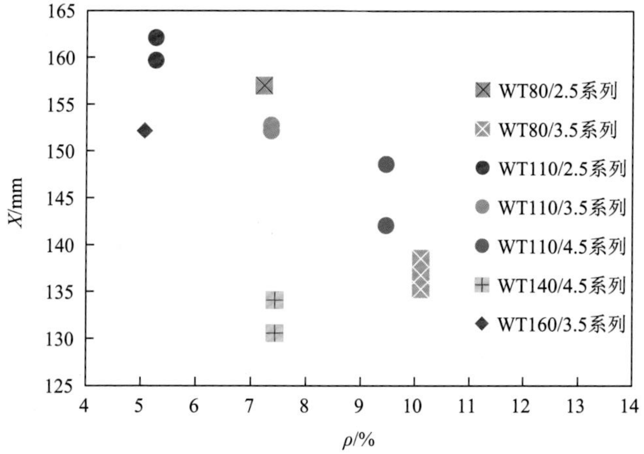

图 4.30　正六边形蜂窝钢管约束混凝土侵彻深度与含钢率的关系

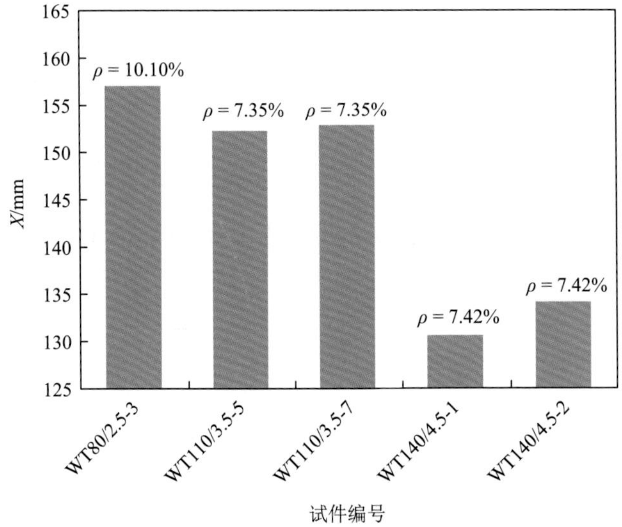

图 4.31　侵彻深度与钢管尺寸匹配关系

2. 多发打击

图 4.32 给出了多发打击试件的侵彻深度对比。由图 4.32 和表 4.7 可知：

（1）对于弹着点①（首发打击），WT160/3.5-4 试件与 WT140/4.5-3 试件比较，前者含钢率小，侵彻深度大（约增大 12.2%），这与结构单元[139]结果类似；但是，C405-5 试件含钢率最小，而侵彻深度最小（比 WT140/4.5-3 试件小 2.2%），其主要原因是 C405 试件为底面打击，其直径和厚度较大，自密实混凝土的粗骨料易下沉，试件底面（作为迎弹面）的强度高且粗骨料密集。

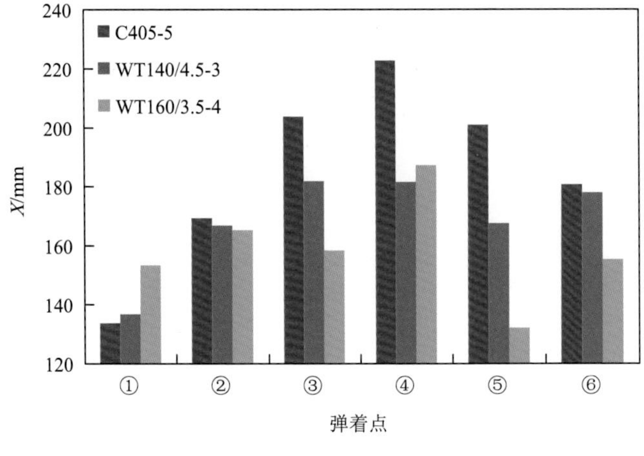

图 4.32　多发打击试件的侵彻深度对比

（2）对于弹着点②～④，总体上，由于蜂窝钢管的约束作用，与 C405-5 试件相比，WT140/4.5-3 试件和 WT160/3.5-4 试件（中心单元多发打击）的侵彻深度小、侵彻阻力大，最大侵彻深度分别减小 18%和 16%。WT140/4.5-3 试件第二发打击（弹着点②）的侵彻深度比第一发打击（弹着点①）增大 22%；第三、四发打击（弹着点③、④）距第一发打击（弹着点①）的距离相近，且均距第二发打击（弹着点②）较远，故侵彻深度相近，比第二发打击（弹着点②）增大约 9%，增幅减小。WT160/3.5-4 试件第二、三发打击（弹着点②、③）距离第一发打击（弹着点①）较远，且第三发打击（弹着点③）弹道发生较大偏转，侵彻深度仅比第一发打击（弹着点①）分别增大约 8%和 3%；第四发打击（弹着点④）距离第一、三发打击（弹着点①、③）较近，侵彻深度增幅较大，比第一发打击（弹着点①）增大约 22%。C405 试件第二发打击（弹着点②）距离第一发打击（弹着点①）较近，侵彻深度比第一发打击（弹着点①）增大了 27%；虽然第三、四发打击（弹着点③、④）距离第一、二发打击（弹着点①、②）较远，但由于没有蜂窝钢管的阻裂和约束作用，侵彻深度增幅较大，比第一发打击（弹着点①）分别增大约 52%和 67%。

（3）对于弹着点⑤、⑥，总体上，由于蜂窝钢管的阻裂和约束作用，WT140/4.5-3 试件和 WT160/3.5-4 试件的侵彻深度比 C405-5 试件小。WT140/4.5-3 试件由于前四发打击降低了相邻单元钢管的约束作用，弹着点⑤、⑥与弹着点①比较，侵彻深度分别增大了 23%和 30%；C405-5 试件由于没有蜂窝钢管的约束作用，前四发打击产生了较为严重的混凝土损伤，弹着点⑤、⑥的侵彻深度比弹着点①分别增大了 50%和 35%。而 WT160/3.5-4 试件弹着点⑤、⑥为斜入射，侵彻深度偏小。

综上所述，由于蜂窝钢管将试件分割成相互支撑但又彼此互不关联的混凝土单元，在弹丸打击过程中能够较好地将混凝土的损伤限制在被打击单元内，蜂窝钢管约束混凝土的漏斗坑体积、漏斗坑深度和损伤范围均小于半无限混凝土靶；同时，在周边单元和钢管的共同约束作用下，蜂窝钢管约束混凝土的侵彻深度明显小于半无限混凝土靶，因此蜂窝钢管约束混凝土的抗侵彻性能明显优于半无限混凝土靶。

第 5 章　正方形蜂窝钢管约束混凝土抗侵彻性能试验

对于钢管约束混凝土防护结构，应尽量减少拼缝，尽可能采用整体式结构，即各蜂窝单元钢管应相互焊接成整体。第 4 章开展的正六边形蜂窝钢管约束混凝土抗侵彻试验结果表明，与半无限混凝土相比，较优匹配的正六边形蜂窝钢管约束混凝土漏斗坑体积可减小 40%以上；侵彻深度比正六边形钢管约束混凝土结构单元减小 20%以上。但是，正六边形蜂窝钢管加工工艺复杂，加工过程中容易形成误差累积。考虑到正方形结构单元的钢管制作工艺比正六边形简单，且具有更好的拓展性，便于工程应用，本章重点开展正方形蜂窝（格栅）钢管约束混凝土抗侵彻性能试验，获得正方形蜂窝钢管约束混凝土的损伤模式和主要损伤参数，分析不同钢管壁厚和边长组合对正方形蜂窝钢管约束混凝土抗侵彻性能的影响；同时，与正六边形蜂窝钢管约束混凝土抗侵彻试验结果对比分析钢管形状对蜂窝钢管约束混凝土抗侵彻性能的影响。

5.1　试件设计与打击工况

5.1.1　试件设计

正方形蜂窝钢管约束混凝土整体结构通常具有较大的平面尺寸，由许多正方形蜂窝钢管组成格栅结构，如图 5.1（a）所示。为了较好地反映正方形蜂窝钢管

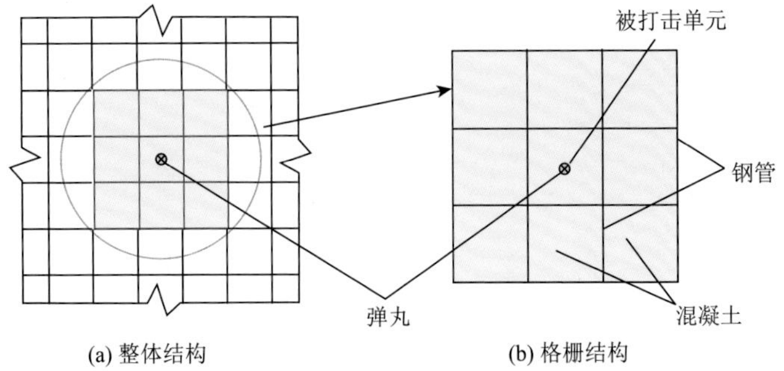

图 5.1　正方形蜂窝钢管约束混凝土示意图

约束混凝土结构的力学性能，设计的正方形蜂窝钢管约束混凝土由 9 个正方形钢管约束混凝土结构单元焊接而成，如图 5.1（b）所示。正方形蜂窝钢管采用联锁法制作，如图 5.2 所示。首先，将中间的四块钢板在板宽 1/3 和 2/3 位置处沿板长度方形开插槽至板长的中点，插槽的宽度为板的厚度；然后，将中间四块板进行拼装，并在插槽处进行焊接；四周的钢板通过两块折角为 90°的 L 形钢板焊接而成，并与中间的四块钢板进行焊接。

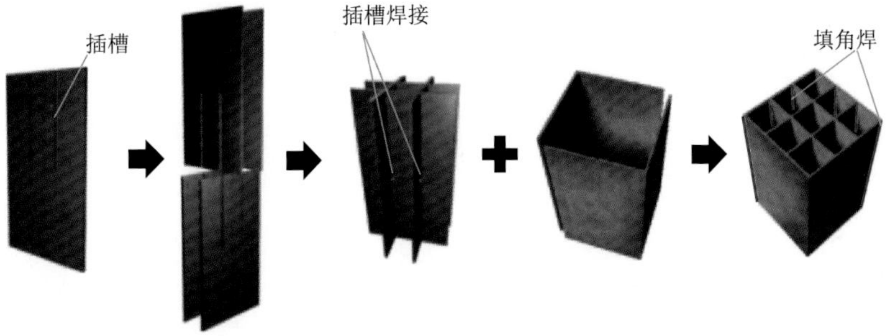

图 5.2　正方形蜂窝钢管加工方法

为了方便对比分析钢管形状对蜂窝钢管约束混凝土抗侵彻性能的影响，正方形蜂窝钢管约束混凝土的规格参考正六边形蜂窝钢管约束混凝土进行设计，两种形状蜂窝钢管约束混凝土的含钢率相同，正方形蜂窝钢管约束混凝土的含钢率按式（5.1）计算。设计了 8 组试件，如表 5.1 所示，其中，WS 代表正方形蜂窝钢管约束混凝土，第一个和第二个数字分别表示结构单元钢管外接圆直径和壁厚。正方形蜂窝钢管约束混凝土钢管边长为 70～140mm（外接圆直径为 99～198mm），壁厚 2.5～4.5mm，靶的厚度与正六边形蜂窝钢管约束混凝土相同，为 250mm。正方形蜂窝钢管约束混凝土的含钢率近似按中心单元处理。

$$\rho_0 = \frac{S_S}{S_T} = \frac{4 \times \frac{\delta}{2} \times a}{4 \times a^2} = \frac{\delta}{2a} \tag{5.1}$$

表 5.1　正方形蜂窝钢管约束混凝土试件规格和设计打击工况

序号	试件类型	试件代号	边长/mm	壁厚/mm	靶厚/mm	含钢率/%	设计着靶速度/(m/s)	打击工况
1	蜂窝整体结构	WS99/2.5	70	2.5	250	7.14	800	单发
2		WS99/3.5	70	3.5		10.00	800	单发
3		WS135/2.5	95.5	2.5		5.26	800	单发
4		WS135/3.5	95.5	3.5		7.37	600，700，800	单发

续表

序号	试件类型	试件代号	边长/mm	壁厚/mm	靶厚/mm	含钢率/%	设计着靶速度/(m/s)	打击工况
5	蜂窝整体结构	WS135/4.5	95.5	4.5	250	9.47	800	单发
6		WS170/4.5	120	4.5		7.50	800	单发、弹着点、多发
7		WS198/3.5	140	3.5		5.00	800	单发
8	蜂窝分层结构	WS135/3.5-L	95.5	3.5	125+125	7.37	800	单发

试件所用混凝土与第 4 章相同，为自密实混凝土，强度等级为 C70，配合比如表 4.2 所示。混凝土标准立方体试件 28d 抗压强度为 73MPa，实测密度为 2385kg/m^3。

5.1.2　单发打击工况

单发打击工况与正六边形蜂窝钢管约束混凝土类似，主要考察钢管规格、含钢率、弹着点和打击速度的影响。单发打击设计着靶姿态均为正入射，除考察弹着点组别外，其余弹着点均为靶中心。

在表 5.1 中，试件可分为 6 组：第 1 组为壁厚组，主要考察钢管壁厚的影响，即序号 3、4 和 5，钢管边长均为 95.5mm，壁厚分别为 2.5mm、3.5mm 和 4.5mm。此外，序号 1 和 2 边长相同，钢管壁厚分别为 2.5mm、3.5mm，也可辅助考察壁厚的影响。第 2 组为边长组，主要考察钢管边长的影响，即序号 2、4 和 7，钢管壁厚均为 3.5mm，钢管边长分别为 70mm、95.5mm 和 140mm。此外，序号 1 和 3 钢管壁厚相同，序号 5 和 6 钢管壁厚相同，可辅助考察边长的影响。第 3 组为含钢率组，主要考察钢管边长和壁厚组合方式的影响，序号 1、4 和 6 含钢率均在 7%左右。此外，序号 2 与 5 含钢率相近，序号 3 与 7 含钢率相近，也可辅助考察边长和壁厚组合方式的影响；边长组和壁厚组可辅助考察含钢率的影响。第 4 组为速度组，即序号 4，设计了 3 种着靶速度（800m/s、700m/s 和 600m/s），主要考察速度的影响，也是本次试验的基准组。第 5 组为弹着点组，即序号 6，正方形蜂窝钢管约束混凝土的设计弹着点如图 5.3 所示。其中，弹着点①为试件中心，点②～④为中心单元对称轴的四分点，比较弹着点①～④的侵彻深度可考察蜂窝钢管约束混凝土的抗多发打击性能；弹着点⑤和⑥为周边单元对称轴的四分点（靠近中心单元一侧），主要考察相邻单元损伤对其抗侵彻性能的影响。第 6 组为分层效应组，即序号 8，等厚分层，与序号 4 对比，主要考察分层效应的影响。

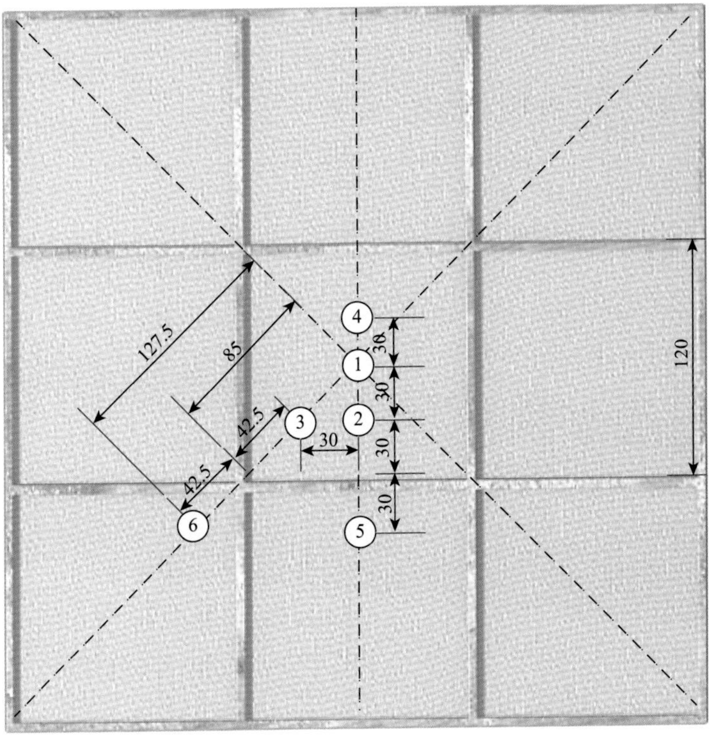

图 5.3　WS170 试件设计弹着点（单位：mm）

5.1.3　多发打击工况

为了更好地对比分析钢管形状对蜂窝钢管约束混凝土抗侵彻性能的影响，同样也开展了正方形蜂窝钢管约束混凝土抗多发打击试验，分为不同弹着点的多发打击试验和中心重复打击试验，弹着点位置如图 5.3 所示。

5.2　试验结果与分析

5.2.1　试验结果

按照表 5.1 设计打击工况进行了 9 组共 30 个试件的侵彻试验，结果如表 5.2 所示。试验中大部分试件的弹丸着靶姿态为正入射，小部分试件为斜入射。为了考察自密实混凝土的均匀性，部分试件分别进行了以试件底面和正面（按试件浇筑方向先浇筑的下部为底面，后浇筑的上部为正面）为迎弹面的侵彻试验，分别记为底面和正面。

表 5.2　正方形蜂窝钢管约束混凝土单发打击试验结果

序号	试件编号	弹着点	V_0/(m/s)	迎弹面	着靶姿态	试件损伤现象描述		
						迎弹面混凝土	侧面钢管	背面混凝土
1	WS99/2.5-2	①	794.0	底面	正	漏斗坑	无损伤	无明显损伤
	WS99/2.5-3	①	792.7	底面	正	漏斗坑	无损伤	无明显损伤
2	WS99/3.5-1	①	805.2	正面	正	漏斗坑	无损伤	无明显损伤
	WS99/3.5-2	①	792.4	底面	正	漏斗坑	无损伤	无明显损伤
	WS99/3.5-4	①	791.5	底面	正	漏斗坑	无损伤	无明显损伤
3	WS135/2.5-2	①	790.2	底面	正	漏斗坑	无损伤	无明显损伤
	WS135/2.5-3	①	806.8	正面	正	漏斗坑	无损伤	无明显损伤
4	WS135/3.5-1	①	791.1	正面	正	漏斗坑	无损伤	无明显损伤
	WS135/3.5-2	①	604.4	底面	正	漏斗坑	无损伤	无明显损伤
	WS135/3.5-3	①	799.4	底面	正	漏斗坑	无损伤	无明显损伤
	WS135/3.5-4	①	698.1	正面	正	漏斗坑	无损伤	无明显损伤
	WS135/3.5-5	①	701.0	底面	正	漏斗坑	无损伤	无明显损伤
	WS135/3.5-7	①	599.5	底面	正	漏斗坑	无损伤	无明显损伤
	WS135/3.5-9	①	793.0	底面	正	漏斗坑	无损伤	无明显损伤
	WS135/3.5-10	①	791.1	底面	正	漏斗坑	无损伤	无明显损伤
5	WS135/4.5-1	①	794.9	正面	斜	漏斗坑	无损伤	无明显损伤
	WS135/4.5-2	①	791.1	底面	正	漏斗坑	无损伤	无明显损伤
	WS135/4.5-4	①	789.9	正面	正	漏斗坑	无损伤	无明显损伤
6	WS170/4.5-8	①	784.3	底面	正	漏斗坑	无损伤	无明显损伤
	WS170/4.5-9	①	787.4	底面	斜	漏斗坑	无损伤	无明显损伤
7	WS198/3.5-1	①	795.5	底面	正	漏斗坑	无损伤	无明显损伤
	WS198/3.5-2	①	794.3	底面	正	漏斗坑	无损伤	无明显损伤
8	WS170/4.5-1	②	794.3	底面	正	漏斗坑	无损伤	无明显损伤
	WS170/4.5-6	③	792.1	正面	正	漏斗坑	无损伤	无明显损伤
	WS170/4.5-2	⑤	798.1	底面	正	漏斗坑	无损伤	无明显损伤
	WS170/4.5-2	⑥	801.0	底面	正	漏斗坑	无损伤	无明显损伤
9	WS135/3.5-L-2	①	801.6	正面	正	漏斗坑	无损伤	穿孔
	WS135/3.5-L-6	①		底面		侵彻隧道	无损伤	无明显损伤
	WS135/3.5-L-4	①	794.3	正面	正	漏斗坑	无损伤	穿孔
	WS135/3.5-L-3	①		底面		侵彻隧道	无损伤	无明显损伤

由表 5.2 可知，正方形蜂窝钢管约束混凝土单发打击试验结果与正六边形蜂窝钢管约束混凝土类似，迎弹面形成明显漏斗坑，侧面钢管无损伤，背面混凝土无明显损伤。试验结束后，对混凝土主要损伤参数进行测量，结果如表 5.3 所示，相关参数的测量方法与正六边形蜂窝钢管约束混凝土相同。

表 5.3　正方形蜂窝结构单发打击混凝土主要损伤参数

序号	试件编号	弹着点	V_0/(m/s)	Δd/mm	V/mL	H_1/mm	X/mm	备注
1	WS99/2.5-2	①	794.0	0	95	37	99.8*	钢管壁穿孔
	WS99/2.5-3	①	792.7	2	75	30	157.3	
2	WS99/3.5-1	①	805.2	9	75	32	158.9	
	WS99/3.5-2	①	792.4	9	85	36	146.1	
	WS99/3.5-4	①	791.5	2	90	41	135.6	
3	WS135/2.5-2	①	790.2	12	135	42	166.0	
	WS135/2.5-3	①	806.8	0	130	34	177.5	
4	WS135/3.5-1	①	791.1	7	115	35	155.0	
	WS135/3.5-2	①	604.4	5	40	19	—	未测到侵彻深度
	WS135/3.5-3	①	799.4	9	100	39	157.7	
	WS135/3.5-4	①	698.1	4	80	23	127.1	
	WS135/3.5-5	①	701.0	0	90	27	122.0	
	WS135/3.5-7	①	599.5	11	40	20	83.2	
	WS135/3.5-9	①	793.0	6	95	40	159.8	
	WS135/3.5-10	①	791.1	12	90	31	147.8	
5	WS135/4.5-1	①	794.9	4	80	34	174.0*	斜入射
	WS135/4.5-2	①	791.1	8	80	28	134.6	
	WS135/4.5-4	①	789.9	10	70	34	130.5	
6	WS170/4.5-8	①	784.3	13	110	28	130.6	
	WS170/4.5-9	①	787.4	15	142	28	186.7*	斜入射
7	WS198/3.5-1	①	795.5	1	185	33	148.3	
	WS198/3.5-2	①	794.3	14	240	22	156.3	
8	WS170/4.5-1	②	794.3	8	130	36.2	135.6	
	WS170/4.5-6	③	792.1	8	140	29.7	123.1	
	WS170/4.5-2	⑤	798.1	7	150	36.8	146.8	
	WS170/4.5-2	⑥	801.0	8	280	40.1	153.0	

续表

序号	试件编号	弹着点	V_0/(m/s)	Δd/mm	V/mL	H_1/mm	X/mm	备注
9	WS135/3.5-L-2	①	801.6	0	100	37	163.0	
	WS135/3.5-L-6	①						
	WS135/3.5-L-4	①	794.3	5	110	34	167.8	
	WS135/3.5-L-3	①						

注：—表示数据未测到或数据无意义，*表示侵彻深度异常数据，对于弹着点②～⑥，Δd 为弹孔中心与设计弹着点之间的距离。

同样，在单发打击试验结果的基础上，对正方形蜂窝钢管约束混凝土也进行多发打击试验，为了方便与 WT160/3.5 系列试件多发打击试验结果比较，选择 WS170/4.5 系列试件进行多发打击试验。其中，WS170/4.5-5 和 WS170/4.5-7 试件进行中心相同弹着点的重复打击；WS170/4.5-10 试件进行不同弹着点的多发打击，按照图 5.2 的设计弹着点编号，从小到大依次进行多发打击试验，试验结果如表 5.4 所示。试验结束后，对混凝土的主要损伤参数进行测量，结果如表 5.5 所示。相关参数的测量方法与正六边形蜂窝钢管约束混凝土相同。

表 5.4　正方形蜂窝钢管约束混凝土多发打击试验结果

序号	试件编号	弹着点	V_0/(m/s)	迎弹面	着靶姿态	试件损伤现象描述		
						迎弹面混凝土	侧面钢管	背面混凝土
1	WS170/4.5-5	①	799.7	底面	正	漏斗坑	无损伤	无滑移
		①	799.0	底面	正	漏斗坑	无损伤	滑移 12mm
		①	798.0	底面	正	漏斗坑	无损伤	滑移 21mm
		①	805.8	底面	正	漏斗坑	无损伤	贯穿
2	WS170/4.5-7	①	804.8	底面	正	漏斗坑	无损伤	无滑移
		①	798.4	底面	正	漏斗坑	无损伤	滑移 16mm
		①	799.4	底面	正	漏斗坑	无损伤	贯穿
3	WS170/4.5-10	①	799.7	底面	正	漏斗坑	无损伤	无滑移
		②	805.5	底面	正	漏斗坑	无损伤	微小滑移
		③	804.8	底面	正	漏斗坑	无损伤	微小滑移
		④	792.2	底面	正	漏斗坑	无损伤	滑移 16.75mm
		⑤	799.7	底面	正	漏斗坑；口部变形	无损伤	无滑移
		⑥	804.8	底面	正	漏斗坑；口部变形	无损伤	无滑移

表 5.5　正方形蜂窝结构多发打击混凝土主要损伤参数

序号	试件编号	弹着点	V_0/(m/s)	Δd/mm	D_{min}/mm	V/mL	H_1/mm	X/mm	备注
1	WS170/4.5-5	①	799.7	—	—	—	—	—	
		①	799.0	—	—	—	—	—	
		①	798.0	—	—	—	—	—	
		①	805.8	5.8	—	480	75.3	贯穿	
2	WS170/4.5-7	①	804.8	—	—	—	—		
		①	798.4	—	—	—	—	—	
		①	799.4	3.3	—	450	59.0	贯穿	
3	WS170/4.5-10	①	799.7	4.3	—	—	49.0	160.8	
		②	805.5	22.1	41.8	—	75.6	180.4	
		③	804.8	—	—	—	—	207.0	
		④	792.2	13.8	21.0	600	69.6	129.5	
		⑤	799.7	6.9	53.1	260	60.9	143.5	
		⑥	804.8	3.6	82.4	150	37.2	151.5	

注：—表示未测到数据。

5.2.2　损伤模式

1. 单发打击

类似于正六边形蜂窝钢管约束混凝土，正方形蜂窝钢管约束混凝土的钢管也将混凝土损伤有效控制在被打击单元内，周边单元钢管和混凝土没有损伤；被打击单元迎弹面混凝土产生了漏斗坑，但其表面无明显裂纹；侧面钢管无损伤，无塑性变形；背面混凝土无明显损伤，试件可视为厚靶。图 5.4 给出了正方形蜂窝钢管约束混凝土整体结构中心弹着点打击后损伤情况。

(a) 迎弹面全貌(WS135/3.5-9)

(b) 迎弹面漏斗坑(WS135/3.5-9)

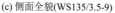

(c) 侧面全貌(WS135/3.5-9)

(d) 背面全貌(WS135/3.5-9)

图 5.4　正方形蜂窝钢管约束混凝土整体结构中心弹着点打击后损伤情况

正方形蜂窝钢管约束混凝土整体结构不同弹着点打击的损伤情况也与正六边形蜂窝钢管约束混凝土类似，如图 5.5 所示，在被打击单元内，弹着点②、③附近混凝土崩落较多，距离弹着点较远处仍有部分混凝土未崩落；对于弹着点⑤、⑥，迎弹面发生崩落的混凝土覆盖整个被打击单元。

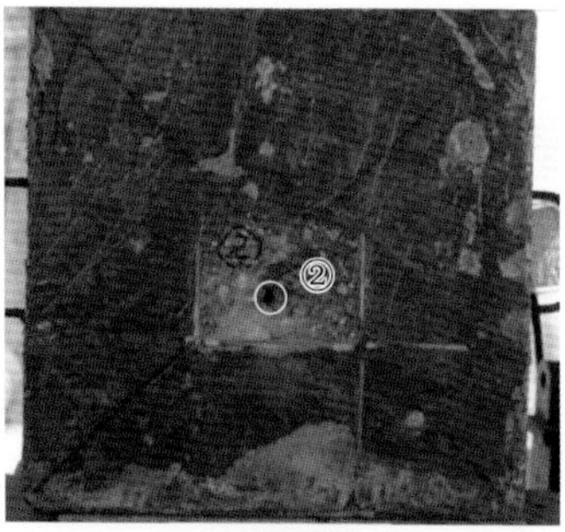

(a1) 迎弹面

(a2) 背面

(a) 弹着点②

(b1) 迎弹面

(b2) 背面

(b) 弹着点③

(c1) 迎弹面

(c2) 背面

(c) 弹着点⑤、⑥

图 5.5　正方形蜂窝钢管约束混凝土整体结构不同弹着点打击的损伤情况

正方形蜂窝钢管约束混凝土分层结构损伤情况与正六边形蜂窝钢管约束混凝土分层结构（图 4.5）相似，如图 5.6 所示。上层靶被击穿，背面无反向漏斗坑；下层靶迎弹面无漏斗坑，但有明显裂纹。

(a1) 上层靶迎弹面全貌

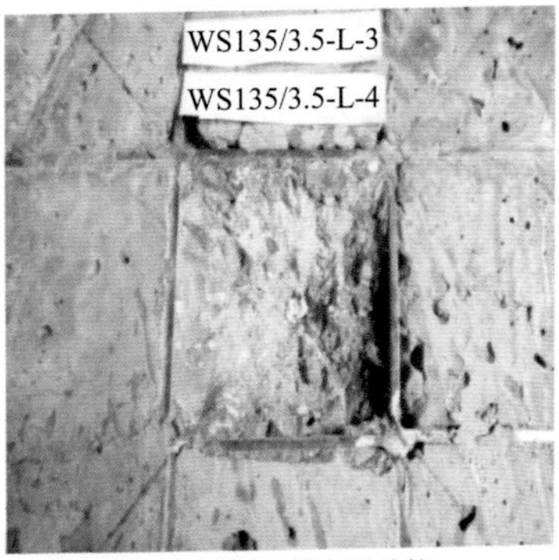

(a2) 上层靶迎弹面漏斗坑

(a3) 上层靶背面全貌

(a4) 上层靶背面被打击单元

(a) 上层靶

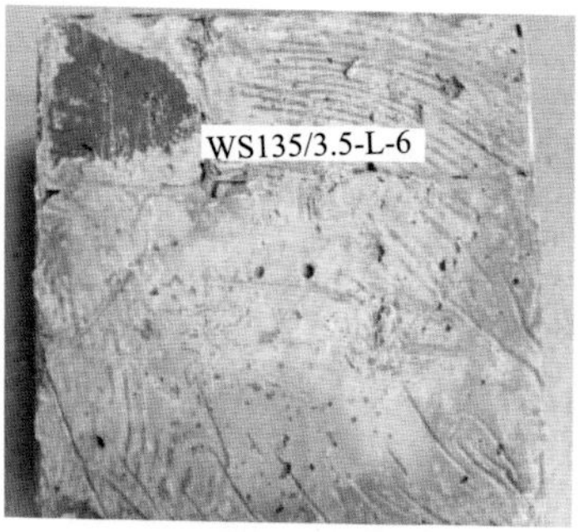

(b1) 下层靶迎弹面全貌

(b2) 下层靶迎弹面局部

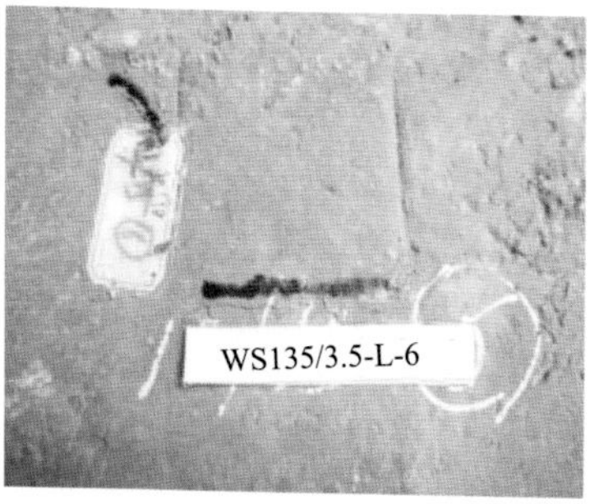

(b3) 下层靶背面

(b4) 下层靶背面被打击单元

(b) 下层靶

图 5.6　正方形蜂窝钢管约束混凝土分层结构损伤情况

图 5.7 给出了正方形蜂窝钢管约束混凝土典型试件核心混凝土损伤情况。由图可见，被打击单元内混凝土完整性较好，但与正六边形蜂窝钢管约束混凝土（图 4.7）相比，正方形蜂窝钢管约束混凝土整体结构裂纹宽度更大，分层结构的上层靶损伤更为严重，形成多条贯通的环向主裂纹，下层靶有明显的主裂纹，但裂纹的宽度远大于正六边形蜂窝钢管约束混凝土分层结构。

2. 多发打击

图 5.8 给出了 WS170/4.5-5 试件中心重复打击后的损伤情况。由图可见，与正六边形蜂窝钢管约束混凝土中心重复打击（图 4.15）类似，随着打击次数的增加，迎弹面漏斗坑和背面滑移量增大，弹孔直径不断增大，两个试件分别在第三发和第四发被击穿，试件背面形成漏斗坑，被打击单元钢管壁无变形，周边单元无损伤。

(a) WS135/2.5-2, V_0 = 790.2m/s

(b) WS135/3.5-2, V_0 = 604.4m/s

(c) WS135/3.5-3, V_0 = 799.4m/s

(d) WS170/4.5-8, V_0 = 784.3m/s

(e) WS135/3.5-L-2, V_0 = 801.6m/s

(f) WS135/3.5-L-6, V_0 = 801.6m/s

(g) WS170/4.5-1(弹着点②侧面裂纹)

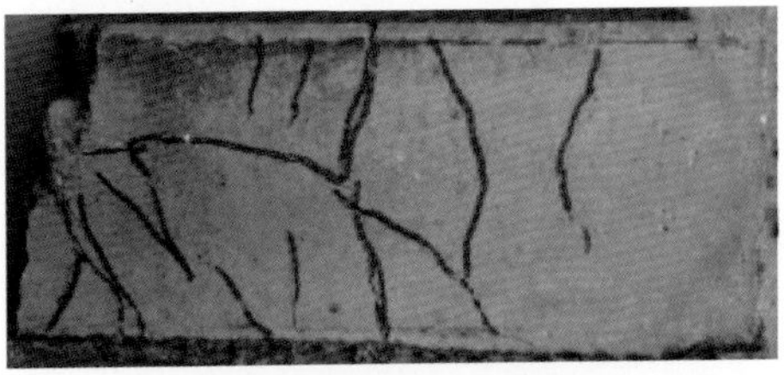

(h) WS170/4.5-6(弹着点③侧面裂纹)

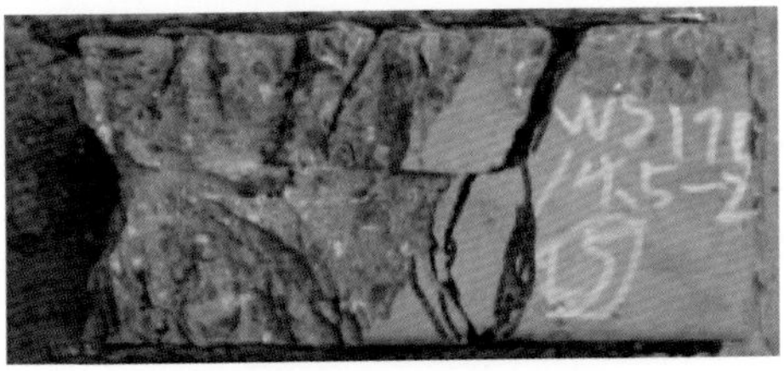

(i) WS170/4.5-2(弹着点⑤侧面裂纹)

(j) WS170/4.5-2(弹着点⑥侧面裂纹)

图 5.7　正方形蜂窝钢管约束混凝土典型试件核心混凝土损伤情况

(a1) 迎弹面

(a2) 背面

(a) 第一发打击

(b1) 迎弹面

(b2) 背面

(b) 第二发打击

(c1) 迎弹面

(c2) 背面

(c) 第三发打击

(d1) 迎弹面

(d2) 背面

(d) 第四发打击

图 5.8　WS170/4.5-5 试件中心重复打击后的损伤情况

WS170/4.5-10 试件多发打击后的损伤情况如图 5.9 所示。由图可见，与正六边形蜂窝钢管约束混凝土多发打击类似，中心单元四发打击后迎弹面出现较大漏斗坑，但由于钢管和周边单元的约束与支撑作用，混凝土的损伤被限制在被打击单元内。中心单元出现漏斗坑后，第五发和六发打击时，由于中心单元失去混凝土的支撑作用，靠近中心单元处的钢管壁出现明显变形。

(a) 第一发打击后迎弹面

(b) 第二发打击后迎弹面

(c) 第三发打击后迎弹面

(d) 第四发打击后迎弹面

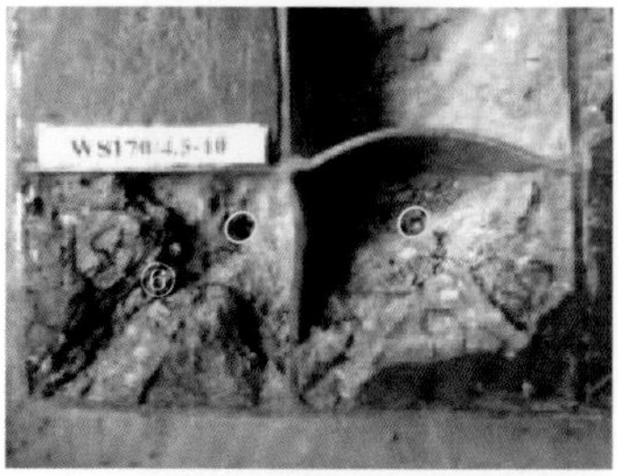

(e) 第五、六发打击后迎弹面

(f) 背面

图 5.9　WS170/4.5-10 试件多发打击后的损伤情况

图 5.10 给出了 WS170/4.5-10 试件多发打击后侧面裂纹情况。由图可见，与正六边形蜂窝钢管约束混凝土相比，正方形蜂窝钢管约束混凝土中心单元

裂纹较为密集，混凝土崩落较多，周边单元环向裂纹较少，纵向主裂纹宽度较大。

(a) 前四发打击

(b) 第五发打击

(c) 第六发打击

图 5.10　WS170/4.5-10 试件多发打击后侧面裂纹情况

图 5.11 给出了 WS170/4.5-10 试件的典型弹道剖面。由图可见，由于先发打击产生的混凝土损伤及其导致钢管约束作用减弱等因素的影响，弹道均有较大幅度的偏转，特别是第四发与第一发发生重弹现象，第四发打击后弹芯折断，其余弹芯无塑性变形，弹孔直径与弹芯直径相当。

(a) 第一、四发打击

(b) 第二发打击

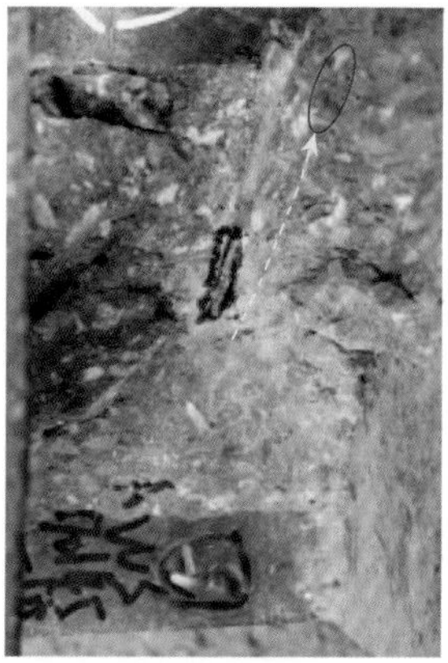

(c) 第五发打击

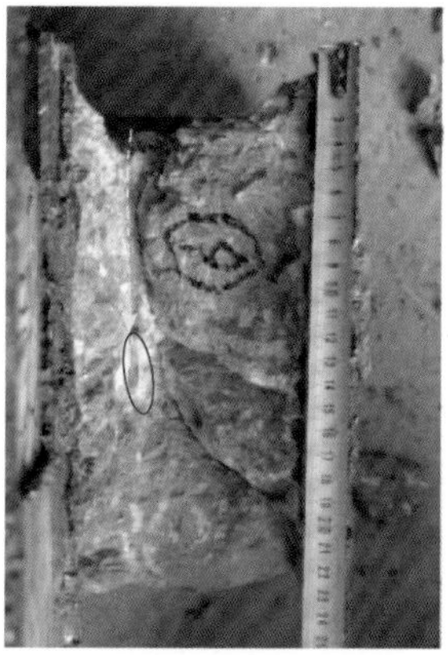

(d) 第六发打击

图 5.11　WS170/4.5-10 试件的典型弹道剖面

综上所述，正方形蜂窝钢管约束混凝土的损伤模式与正六边形蜂窝钢管约束混凝土相近，核心混凝土的损伤模式均为“限制在蜂窝钢管单元内的漏斗坑+弹芯侵彻形成的隧道+侧面裂纹”，但正方形蜂窝钢管约束混凝土单发打击时被打击单元混凝土侧面裂纹更多；其分层结构产生贯通裂纹，靶体损伤更为严重；多发打击时混凝土崩落更为严重，侧面裂纹更为密集，裂纹宽度更大。

5.2.3　漏斗坑参数分析

1. 单发打击

图 5.12 给出了设计着靶速度为 800m/s 时正方形蜂窝钢管约束混凝土、正六边形蜂窝钢管约束混凝土和半无限混凝土靶中心打击的漏斗坑体积对比，阴影部分的上、下线分别表示最大值和最小值。由图可见：

（1）与正六边形蜂窝钢管约束混凝土类似，整体上，随着钢管边长（外径）的增大，漏斗坑体积增大；随着钢管壁厚的增大，漏斗坑体积减小。

（2）C405 试件由于迎弹面平面尺寸较大，在弹丸的撞击作用下产生较大范围的崩落，C405-B 试件漏斗坑体积约为 WS135/3.5 系列试件的 3 倍。

（3）总体上，正方形蜂窝钢管约束混凝土的漏斗坑体积大于正六边形蜂窝钢管约束混凝土，平均增大幅度约为 30%；其主要原因是相同（近）含钢率正方形蜂窝钢管约束混凝土被打击单元的截面面积是对应正六边形蜂窝钢管约束混凝土截面面积的 1.14～1.18 倍。

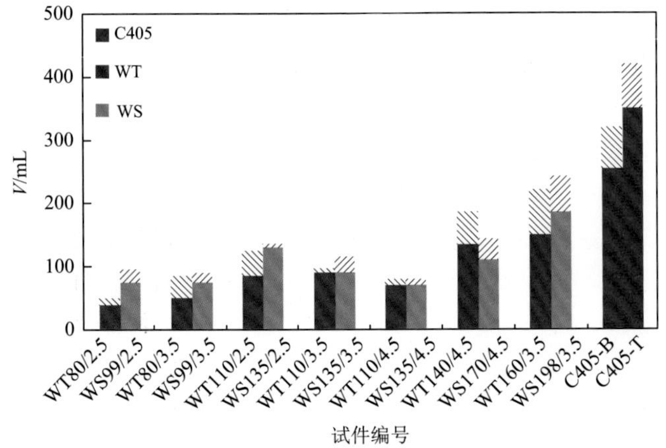

图 5.12 不同形状蜂窝钢管约束混凝土和半无限混凝土靶中心打击的漏斗坑体积对比（设计着靶速度为 800m/s）

图 5.13 给出了不同类型正方形蜂窝钢管约束混凝土与正六边形蜂窝钢管约束混凝土单发打击的漏斗坑体积对比，其中，WS135/3.5-600、WS135/3.5-700、WS135/3.5-800 表示设计着靶速度分别为 600m/s、700m/s、800m/s 的 WS135/3.5 系列试件；WS135/3.5-L 表示分层结构；WS170/4.5-①、WS170/4.5-②、WS170/4.5-③、WS170/4.5-⑤和 WS170/4.5-⑥分别表示设计弹着点位置为①、②、③、⑤和⑥的 WS170/4.5 系列试件。

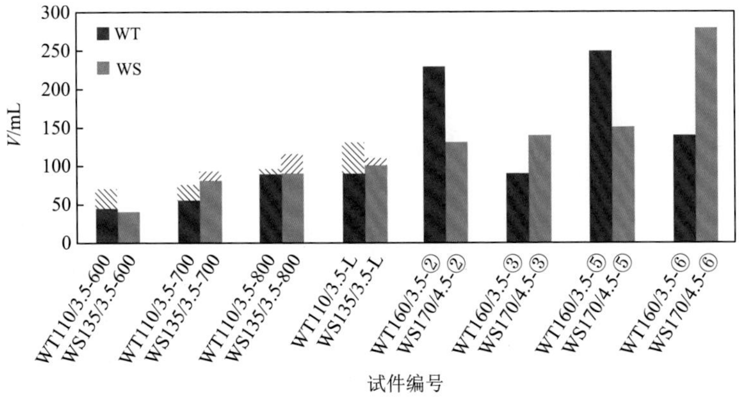

图 5.13 不同类型蜂窝钢管约束混凝土单发打击的漏斗坑体积对比

由图 5.13 可知，漏斗坑体积与弹丸着靶速度、钢管约束混凝土的类型等因素有关。

（1）与正六边形蜂窝钢管约束混凝土类似，弹丸着靶速度越高，漏斗坑体积越大；受分层效应的影响，分层结构的漏斗坑体积大于相应的整体结构。

（2）弹着点对漏斗坑体积也有一定影响，与 WS170/4.5 系列靶中心弹着点打击相比，弹着点②和③的漏斗坑体积较为接近，差异在 8%以内，而弹着点⑤和⑥的漏斗坑体积分别增大约 15%和 114%。

（3）着靶速度相近时，正六边形蜂窝钢管约束混凝土的漏斗坑体积普遍小于正方形蜂窝钢管约束混凝土，其主要原因是正六边形蜂窝钢管约束混凝土中心单元的截面面积小于正方形蜂窝钢管约束混凝土。在弹着点②和⑤，正六边形蜂窝钢管约束混凝土的漏斗坑体积大于正方形蜂窝钢管约束混凝土，在弹着点③和⑥，正六边形蜂窝钢管约束混凝土的漏斗坑体积小于正方形蜂窝钢管约束混凝土。其原因可能是在设计弹着点②和⑤时，正六边形蜂窝钢管约束混凝土实际弹着点偏向靶心一侧，形成了较为完整的漏斗坑，因此漏斗坑体积较大，而正方形蜂窝钢管约束混凝土实际弹着点偏向钢管壁一侧，迎弹面形成的漏斗坑不够完整，导致漏斗坑体积偏小。

图 5.14 给出了设计着靶速度为 800m/s 时正六边形蜂窝钢管约束混凝土、正方形蜂窝钢管约束混凝土和半无限混凝土靶中心打击的漏斗坑深度对比。由图可知：

（1）钢管壁厚和边长对漏斗坑深度有一定影响，但影响不明显，WS170/4.5 系列试件的漏斗坑深度最小，其原因可能是 WS170/4.5 系列试件的约束作用较强。

（2）与正六边形蜂窝钢管约束混凝土靶相比，正方形蜂窝钢管约束混凝土靶的漏斗坑深度的最小值略大，但平均值差异不大，并且均小于 C405 试件。

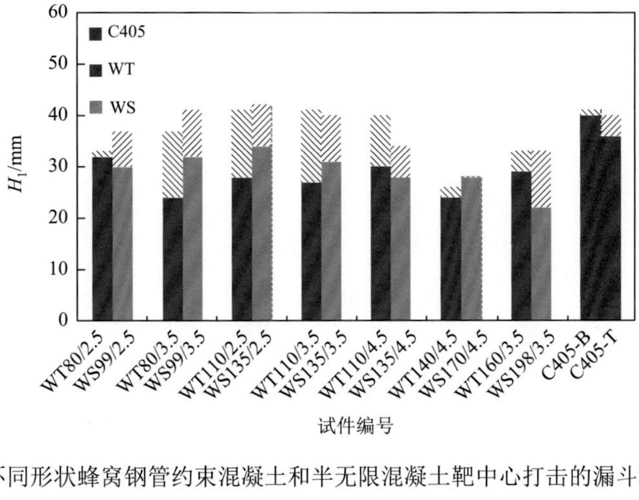

图 5.14　不同形状蜂窝钢管约束混凝土和半无限混凝土靶中心打击的漏斗坑深度对比

图 5.15 给出了不同类型蜂窝钢管约束混凝土的漏斗坑深度对比。由图可知：

（1）着靶速度对漏斗坑深度影响明显。WS135/3.5 系列试件与 WT110/3.5 系列试件类似，当着靶速度为 800m/s、700m/s 和 600m/s 左右时，漏斗坑深度分别约为 3 倍、2 倍和 1.5 倍弹丸直径。

（2）弹着点位置对漏斗坑深度有一定影响。弹着点⑤和⑥的漏斗坑深度明显高于弹着点②和③，可达弹丸直径的 3 倍。

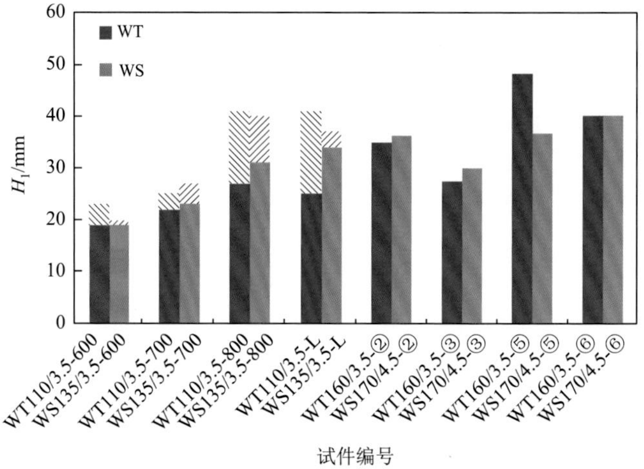

图 5.15　不同类型蜂窝钢管约束混凝土的漏斗坑深度对比

2. 多发打击

图 5.16 给出了正方形蜂窝钢管约束混凝土和半无限混凝土靶多发打击的漏斗坑深度对比。由图可见，WS170/4.5-10 试件各弹着点的漏斗坑深度比 C405 试件减小 16%～65%，打击次数越多，减小幅度越大，说明蜂窝钢管的阻裂、阻波作用限制了混凝土的损伤范围。

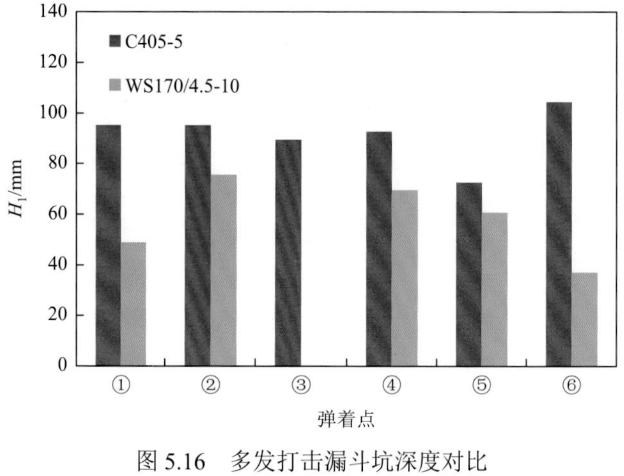

图 5.16　多发打击漏斗坑深度对比

由表 5.5 可见，试件被击穿后，WS170/4.5-5 试件、WS170/4.5-7 试件和 WS170/4.5-10 试件的漏斗坑体积和深度差异不大。

图 5.17 给出了正方形蜂窝钢管约束混凝土与正六边形蜂窝钢管约束混凝土六发打击和四发打击后漏斗坑体积对比。由图可见：

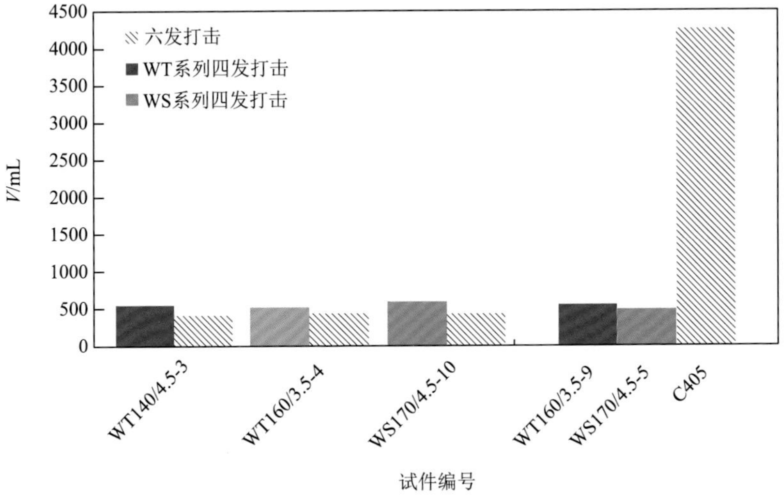

图 5.17　蜂窝钢管约束混凝土多发打击的漏斗坑体积

（1）与 C405 试件相比，WS170/4.5-10 试件六发打击后的漏斗坑体积减小约 76%，所有多边形蜂窝钢管约束混凝土六发打击后的漏斗坑体积均远小于 C405 试件。

（2）不同弹着点六发和四发打击时，正方形蜂窝钢管约束混凝土漏斗坑体积比正六边形蜂窝钢管约束混凝土增大约 5%，相差较小；正方形蜂窝钢管约束混凝土（WT160/3.5-9 和 WS170/4.5-5）四发重复打击与同规格试件（WT160/3.5-4 和 WS170/4.5-10）不同弹着点四发打击形成的漏斗坑体积差异也较小，但明显小于六发打击形成的漏斗坑体积，其原因是四发打击均在一个单元内，形成的漏斗坑体积限制在被打击的单元内，而单元的截面积较小，多发打击时弹着点位置对漏斗坑体积影响不显著。

5.2.4　侵彻深度数据分析

1. 单发打击

与正六边形蜂窝钢管约束混凝土一样，这里也剔除侵彻深度异常数据进行分析。图 5.18 给出了设计着靶速度为 800m/s 不同类型试件中心单发打击的侵彻深度对比。由图可知：

（1）蜂窝钢管约束混凝土的分层效应降低了其抗侵彻能力。与 WS135/3.5 系列对比，WS135/3.5-L 试件的侵彻深度增加约 7%。

（2）钢管壁厚对靶抗侵彻能力有明显影响。边长（外径）相同条件下，壁厚越大，侵彻深度越小，WS99/3.5 系列试件的侵彻深度比 WS99/2.5 系列试件减小约 7%，WS135/4.5 系列试件的侵彻深度比 WS135/2.5 和 WS135/3.5 系列试件分别减小约 23%和 15%。

（3）钢管边长（外径）对其抗侵彻能力有影响，但不够显著，WS198/3.5 系列试件的侵彻深度与 WS135/3.5 系列试件相近，比 WS99/3.5 系列试件增大约 4%；WS135/2.5 系列试件的侵彻深度比 WS99/2.5 系列试件增大约 9%，说明钢管的边长和壁厚存在优化匹配关系。

（4）C405-T 试件的侵彻深度比 WS170/4.5 系列试件（中心弹着点）增大约 21%。

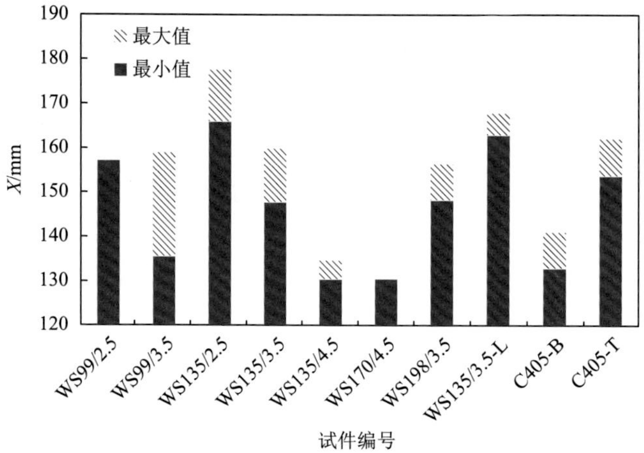

图 5.18　不同类型试件中心单发打击的侵彻深度对比（正方形蜂窝结构）

图 5.19 给出了 WS170/4.5 系列试件不同弹着点单发打击的侵彻深度对比。由图可知，与正六边形蜂窝钢管约束混凝土类似，弹着点位置对试件的抗侵彻能力有明显影响，弹着点①、②、③位于中心单元，弹着点位置越靠近钢管壁，侵彻深度越小，抗侵彻能力越强，弹着点③的侵彻深度比弹着点①减小 6%；对于周边单元，弹着点⑤和⑥的侵彻深度分别比弹着点①增大 12%和 17%。

图 5.20 给出了 WT110/3.5 和 WS135/3.5 系列试件在 600m/s、700m/s 和 800m/s 三个设计着靶速度下侵彻深度的拟合曲线，相关系数分别为 0.9951 和 0.9931。由图可知，着靶速度越高，侵彻深度越大，着靶速度与侵彻深度近似呈二次函数关系，着靶速度 800m/s 左右时的侵彻深度约为着靶速度 600m/s 左右时的 2 倍。

WT110/3.5 系列试件（$\rho = 7.35\%$）和 WS135/3.5 系列试件（$\rho = 7.37\%$）的含钢率相近，但 WT110/3.5 系列试件的抗侵彻能力优于 WS135/3.5 系列试件，与 WT110/3.5 系列试件比较可见，WS135/3.5 系列试件的侵彻深度普遍偏大。

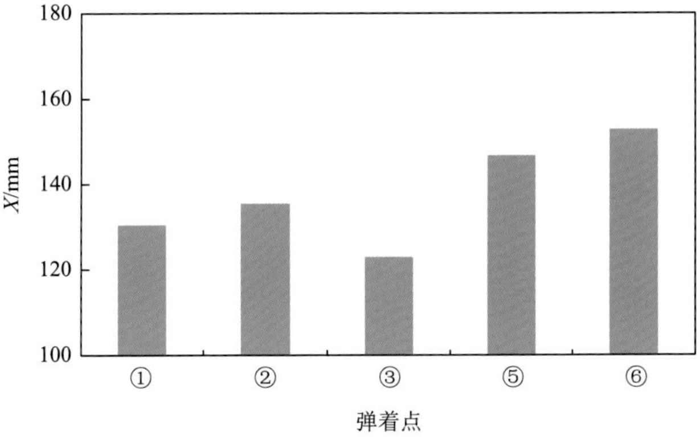

图 5.19　WS170/4.5 系列试件不同弹着点单发打击的侵彻深度对比

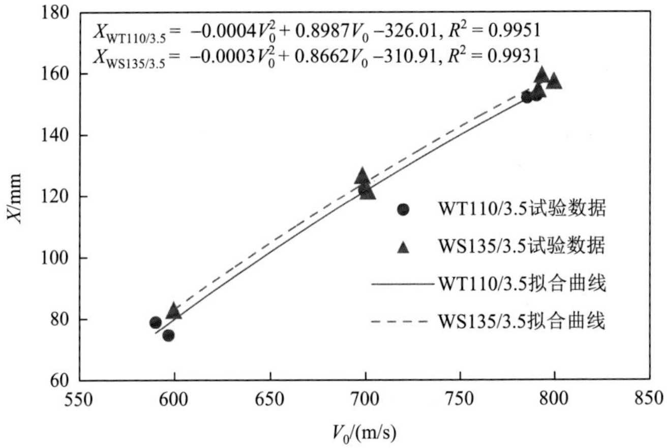

图 5.20　WT110/3.5 和 WS135/3.5 系列试件侵彻深度与着靶速度的关系

图 5.21 给出了弹丸设计着靶速度为 800m/s 时正方形蜂窝钢管约束混凝土侵彻深度与含钢率的关系。由图可见，总体上，含钢率越高，试件的抗侵彻能力越强，侵彻深度越小；含钢率相近时，钢管边长与壁厚的匹配对其抗侵彻能力有影响，其中 WS170/4.5 和 WS135/4.5 系列试件明显优于相近和更高含钢率的其他类型试件，说明蜂窝钢管约束混凝土存在较优的钢管尺寸匹配。

图 5.22 给出了弹丸设计着靶速度为 800m/s 时相近含钢率的不同类型试件侵彻深度比较。由图可知，WT140/4.5 和 WS170/4.5 系列试件的侵彻深度明显小于

其他类型，为较优匹配。说明虽然钢管形状不同，但约束机理相似，即钢管混凝土的约束作用取决于钢管约束和混凝土自约束二者的共同作用，而二者之间存在此消彼长的关系。

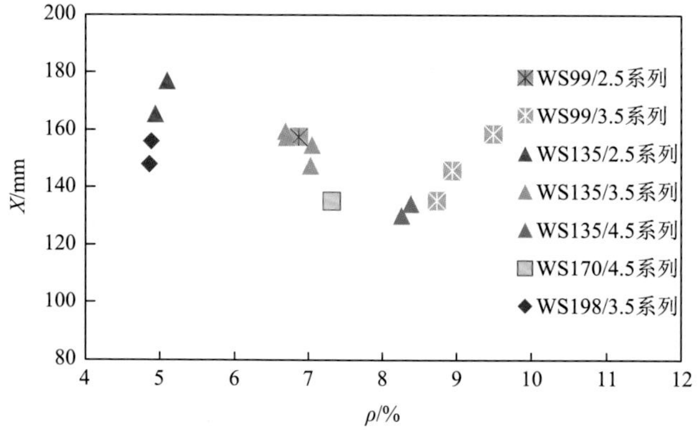

图 5.21　正方形蜂窝钢管约束混凝土侵彻深度与含钢率的关系

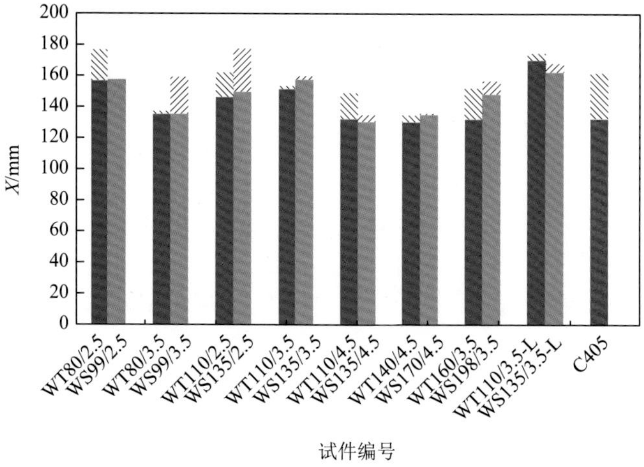

图 5.22　相近含钢率的不同类型试件侵彻深度比较

2. 多发打击

图 5.23 给出了不同形状多边形蜂窝钢管约束混凝土与 C405 试件不同弹着点多发打击的侵彻深度对比。由图可知：

（1）WS170/4.5-10 试件前三发打击（弹着点①～③）的侵彻深度随着打击次数的增加依次增大，并且均比 C405 试件的侵彻深度大，第四发打击的侵彻深度最小，比 C405 试件减小约 41.8%。其主要原因是由于钢管的约束作用，损伤范围被限制在被打击单元内，弹丸容易产生偏转，第四发打击时发生重弹现象，导致弹着点④的侵彻深度偏小，在重弹冲击作用下，被打击单元混凝土产生滑移，因此前三发打击的侵彻深度明显增大。

（2）对于弹着点⑤、⑥，总体上，由于蜂窝钢管的阻裂和约束作用，WT140/4.5-3、WT160/3.5-4 和 WS170/4.5-10 试件的侵彻深度均比 C405-5 试件小。WS170/4.5-10 试件由于弹着点①重弹侵彻深度增大，弹着点⑤、⑥的侵彻深度分别比弹着点①减小了 10.7%和 5.8%。

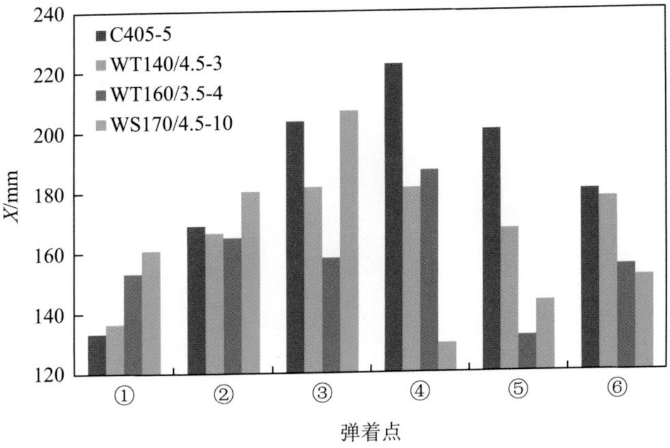

图 5.23　不同弹着点多发打击的侵彻深度对比

5.3　侵彻阻力比较与讨论

蜂窝钢管约束混凝土的等效侵彻阻力可根据其隧道侵彻阶段深度 $H_2 = X - H_1$，由式（3.1）计算得到。本章试验所用弹丸与第 2 章相同，$M = 19.7\text{g}$，$d_w = 7.5\text{mm}$，$N^* = 0.26$，ρ_c 取 2385kg/m^3，其余参数按表 4.4（表 5.1）、表 4.5（表 5.2）、表 4.6（表 5.3）和表 4.7（表 5.5）选取。

1. 单发打击

为分析靶体类型、弹着点、着靶速度和含钢率等因素对侵彻阻力的影响，按表 4.4 和表 5.1 选取侵彻深度有效数据，由式（3.1）计算等效侵彻阻力，并对不同形状多边形蜂窝钢管约束混凝土的等效侵彻阻力进行比较。

图 5.24 给出了设计着靶速度为 800m/s 的 WT110/3.5 和 WS135/3.5 系列试件、WT140/4.5 和 WS170/4.5 系列试件、WT110/3.5-L 和 WS135/3.5-L 试件、C405 试件的等效侵彻阻力对比。由图可知：

（1）分层效应降低了试件的抗侵彻能力，与 WT110/3.5 和 WS135/3.5 系列试件相比，WT110/3.5-L 和 WS135/3.5-L 系列试件的等效侵彻阻力分别减小约 12%和 16%。

（2）由于 C405 试件的粗骨料下沉，底面打击的等效侵彻阻力比正面打击明显增大，增幅为 28%，但 WT140/4.5 和 WS170/4.5 系列试件的等效侵彻阻力比 C405-T 试件提高了 13%和 11%。

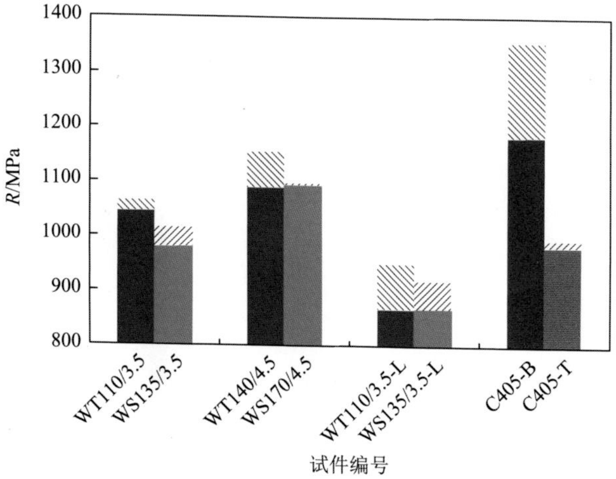

图 5.24　不同类型试件的等效侵彻阻力对比

图 5.25 给出了不同着靶速度下含钢率相近的多边形蜂窝钢管约束混凝土等效侵彻阻力对比。由图可见，着靶速度为 800m/s 左右时，试件的等效侵彻阻力大于着靶速度为 700m/s 左右时，说明随着弹丸着靶速度的提高，试件的等效侵彻阻力

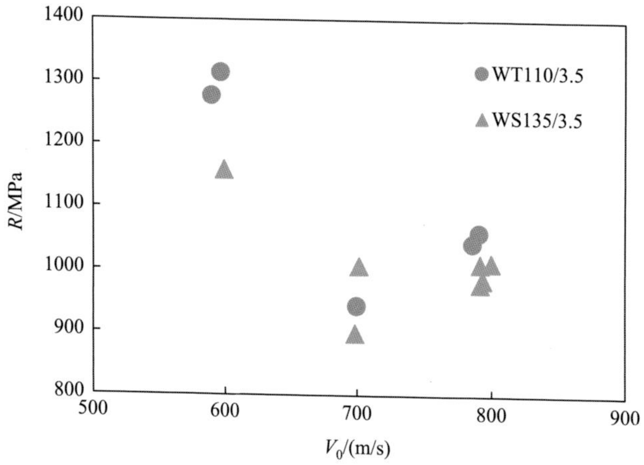

图 5.25　不同着靶速度下多边形蜂窝钢管约束混凝土等效侵彻阻力对比

增大；但是当着靶速度为 600m/s 左右时，其等效侵彻阻力最大，主要原因是本章试验采用改变弹丸装药量的方法改变弹丸着靶速度，着靶速度为 600m/s 左右时弹丸装药量减少较多，弹丸飞行姿态不够稳定，采用式（3.1）计算等效侵彻阻力的误差较大。

为分析含钢率对钢管约束混凝土等效侵彻阻力的影响，图 5.26 给出了弹丸设计着靶速度为 800m/s 时，含钢率相近的不同形状多边形蜂窝钢管约束混凝土等效侵彻阻力对比。由图可知：

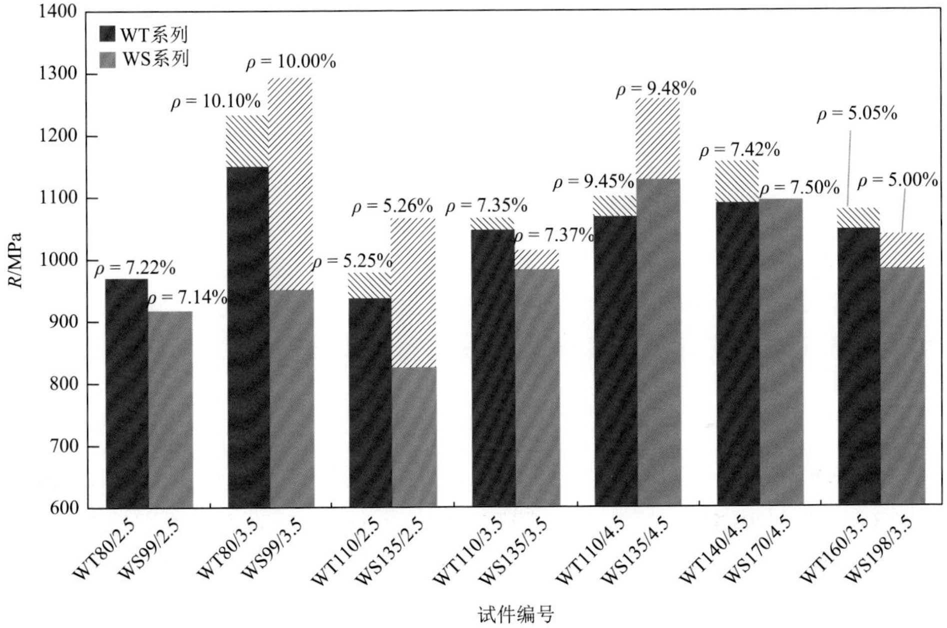

图 5.26　含钢率相近的不同形状蜂窝钢管约束混凝土等效侵彻阻力对比

（1）钢管壁厚越大，等效侵彻阻力越大。与 WT80/2.5 和 WS99/2.5 系列试件相比，WT80/3.5 和 WS99/3.5 系列试件的平均等效侵彻阻力分别提高 23%和 22%；与 WT110/2.5 和 WS135/2.5 系列试件相比，WT110/3.5、WS135/3.5 和 WT110/4.5、WS135/4.5 系列试件的平均等效侵彻阻力分别提高 10%、6%和 13%、26%。

（2）含钢率越高，等效侵彻阻力越大。WT80/3.5（含钢率 10.10%）和 WS99/3.5（含钢率 10.00%）系列试件的含钢率较高，其等效侵彻阻力最大值明显高于其他类型试件；含钢率较低的 WT160/3.5（含钢率 5.05%）、WS198/3.5（含钢率 5.00%）系列试件的平均等效侵彻阻力最小；WT80/2.5 和 WS99/2.5、WT110/3.5 和 WS135/3.5、WT140/4.5 和 WS170/4.5 系列试件的含钢率均在 7.4%左右，但

WT140/4.5 和 WS170/4.5 系列试件的平均侵彻阻力分别比前四组试件提高 16%、19%和 6%、10%，说明钢管边长与壁厚的合理匹配可有效提高靶的侵彻阻力。

（3）总体上，含钢率相近的正六边形和正方形蜂窝钢管约束混凝土等效侵彻阻力相差不大，这与结构单元的结论[135]有较大差异，其主要原因是蜂窝钢管约束混凝土的中心单元受周边单元的环向约束，形成一个封闭的约束体系，因此含钢率相近时，二者的等效侵彻阻力较为接近。

2. 多发打击

为比较不同形状多边形蜂窝钢管约束混凝土多发打击下的等效侵彻阻力，采用表 4.7 和表 5.5 中多发打击的数据，按式（3.1）计算等效侵彻阻力，计算结果如表 5.6 所示。其中，对于 WT140/4.5-3、WT160/3.5-4 和 WS170/4.5-10 试件，弹着点⑤、⑥，H_1 取为实测值；弹着点①～③，由于后发打击的影响，本发打击的漏斗坑深度小于 H_1，弹着点①第一发打击后的漏斗坑深度可近似取为弹着点⑤和⑥实测值 H_1 的平均值；弹着点④受前三发打击的影响，第四发打击前已有漏斗坑，本发打击所形成的漏斗坑深度也小于实测值 H_1；弹着点②、③本发打击的漏斗坑深度无法确定，故表 5.6 中未给出其等效侵彻阻力。影响多发打击侵彻深度和侵彻阻力的因素主要有钢管的约束作用和先发打击的损伤程度等。

表 5.6　等效侵彻阻力比较　（单位：MPa）

试件编号	弹着点					
	①	②	③	④	⑤	⑥
WT140/4.5-3	1530	—	—	—	1045	998
WT160/3.5-4	1221	—	—	—	1733	1139
WS170/4.5-10	1089	—	—	—	1537	1074

由表 5.6 可得：

（1）对于弹着点①（首发打击），WT160/3.5-4 试件与 WT140/4.5-3 试件比较，前者含钢率小，等效侵彻深度大（约增大 12%），相应的等效侵彻阻力小（约减小 20%），这与结构单元[139]结果类似；由于 WS170/4.5-10 试件弹着点①与④发生了重弹现象，弹着点①测量的侵彻深度大于非重弹侵彻深度，因此首发打击等效侵彻阻力明显小于 WT160/3.5-4 试件与 WT140/4.5-3 试件。

（2）弹着点⑤和⑥处，由于弹着点⑤处 WT160/3.5-4 试件斜入射、WS170/4.5-10 试件迎弹面混凝土崩落严重，其等效侵彻阻力分别比弹着点①处提高约 42%和 41%，其余均小于弹着点①处等效侵彻阻力，其主要原因是周边单元约束强度明显小于中心单元，其抗侵彻能力也明显降低。

第 6 章　蜂窝钢管约束混凝土抗侵彻机理的数值模拟

本章在侵彻试验的基础上，运用 ANSYS/LS-DYNA 软件，采用 FEM/CSCM-SPH/HJC 耦合法[138]，开展蜂窝钢管约束混凝土抗侵彻机理研究。首先，对典型工况侵彻试验进行模拟，确定合理的弹、靶仿真模型与参数；然后，分析正六边形蜂窝钢管约束混凝土的侵彻过程和约束机理；最后，分析正六边形蜂窝钢管约束混凝土抗侵彻性能的影响因素。

6.1　仿真模型的建立与验证

基于有限元法和光滑粒子流体动力学法，运用 ANSYS/LS-DYNA 软件，对第 4 章典型工况进行数值模拟，通过对比试验结果与数值模拟结果，验证求解算法和材料模型及参数的合理性。

6.1.1　仿真模型的建立

1. 网格划分与单元类型

忽略弹着点偏心的影响，按中心正入射处理，由于结构对称，取 1/4 结构计算。为了解决网格畸变问题，并有效模拟混凝土开坑、碎片飞溅现象和体现钢管的约束效应，核心混凝土中心区域采用光滑粒子；同时考虑到计算效率，在小变形区域采用拉格朗日网格。中心单元混凝土分为高围压粒子区和中、低围压单元区，高围压粒子区的直径为 22mm（约 3 倍钨芯直径），采用 SPH 粒子进行建模，粒子尺寸为 1mm×1mm×1mm，共划分为 30750 个粒子；中、低围压单元区和周边单元混凝土均采用拉格朗日单元进行网格划分，沿靶体纵向的单元控制边长均为 1.5mm，中、低围压单元区在横截面上的单元控制边长为 1.5mm，周围单元混凝土在横截面上的单元控制边长为 3mm；对边界粒子附近的混凝土单元进行局部加密处理，单元控制边长为 1mm。蜂窝钢管采用拉格朗日单元进行建模，钢管沿厚度方向划分为 4 个单元，沿靶体纵向的单元控制边长为 1.5mm。蜂窝钢管约束混凝土仿真模型如图 6.1 所示。

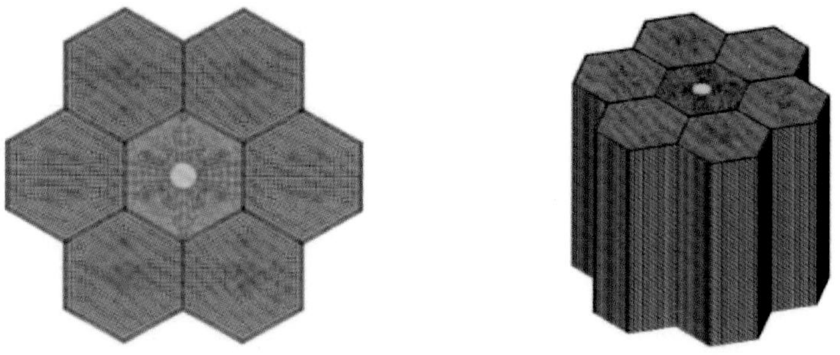

(a) 整体模型

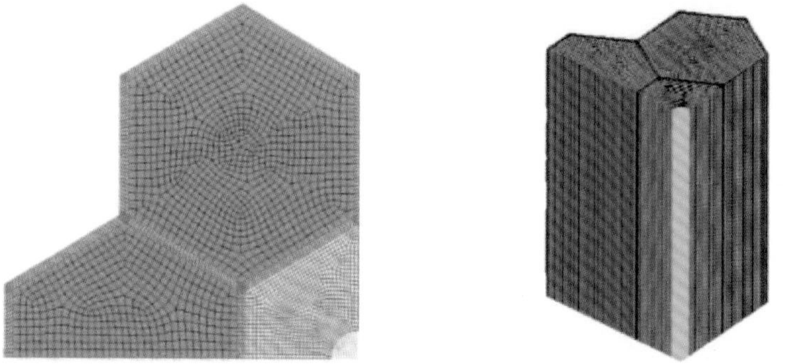

(b) 1/4对称模型

图 6.1　蜂窝钢管约束混凝土仿真模型

弹丸由铜皮、铅套、钢套、钨芯及填充物组成，参见图 2.7。钨芯头部与铜皮头部间的距离为 25mm；由于铅套和填充物质软，质量轻，侵彻作用可忽略不计。因此，仅按铜皮、钢套和钨芯进行建模，全部采用拉格朗日网格、SOLID164 六面体实体单元，钨芯单元的最大尺寸为 1mm×1.2mm×1.5mm，共划分 440 个单元；铜皮单元的最大尺寸为 1mm×1.2mm×1.6mm，共划分 375 个单元；钢套单元的最大尺寸为 0.6mm×1.1mm×1.3mm，共划分 243 个单元。弹丸仿真模型如图 6.2 所示。

2. 材料模型

根据弹丸材料的特点，结合侵彻试验现象，参照文献[87]和[142]选取弹丸各组分材料模型。弹丸的钨芯在侵彻前后基本没有变形，采用刚体模型，模型主要参数如表 6.1 所示[149]；铜皮质软，采用 Johnson-Cook 模型和 Gruneisen 状态方程，主要参数如表 6.2 和表 6.3 所示[142]；钢套相对硬度和强度较大，采用随动硬化模型，其主要参数如表 6.4 所示[87]。各参数的含义见 LS-DYNA 软件的帮助手册[150]。

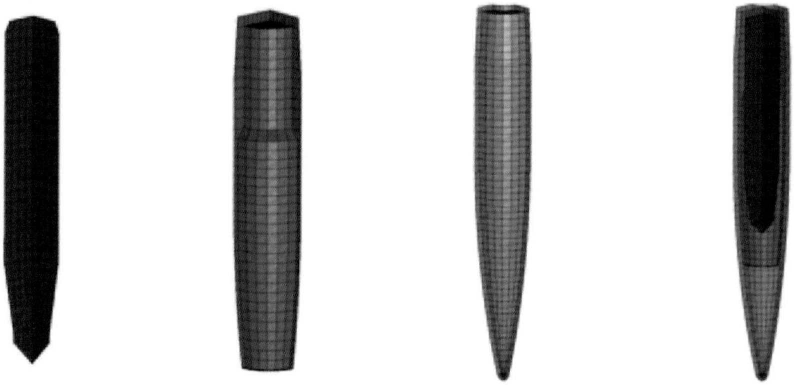

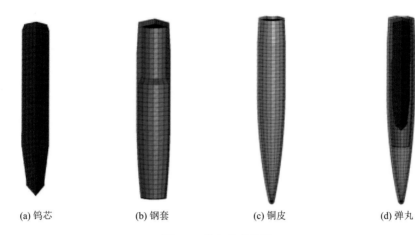

(a) 钨芯　(b) 钢套　(c) 铜皮　(d) 弹丸

图 6.2　弹丸仿真模型

表 6.1　刚体模型主要参数

R_0/(kg/m^3)	E/Pa	PR
15300	3.6×10^{11}	0.25

表 6.2　铜皮 Johnson-Cook 模型主要参数

R_0/(kg/m^3)	G/Pa	E/Pa	PR	A	B	N
7920	7.89×10^9	1.19×10^{11}	0.46	3×10^6	2.5×10^6	0.36
TM/K	TR/K	EPS0	CP/[J/(kg·℃)]	PC	SPALL	D_1
1792	293	1.0	477	-9×10^{11}	2.0	1.6

表 6.3　Gruneisen 状态方程主要参数

C	S_1	GAMA0	A	V_0
4578	1.33	1.67	0.43	1

表 6.4　钢套随动硬化模型主要参数

R_0/(kg/m^3)	E/Pa	PR	SIGY/Pa	BETA	FS
1134	1.84×10^{10}	0.375	2.0×10^7	1.0	0.5

靶体主要包含钢管和混凝土两种材料，其中钢管为各向同性材料，在动荷载作用下存在强化和应变率效应，可采用弹塑性硬化模型。弹塑性硬化模型采用双折线形应力-应变曲线，如图 6.3 所示，应变率强化效应采用 Cowper-Symonds 模型，如式（6.1）所示。

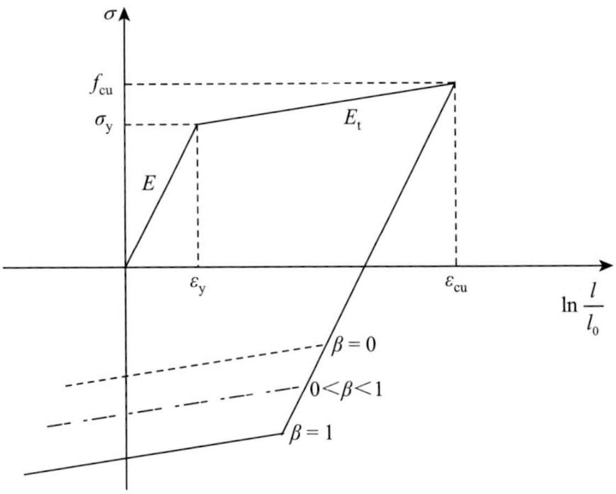

图 6.3　弹塑性硬化模型

E_t 为切线模量；f_{cu} 为极限强度；ε_y 为屈服应变；ε_{cu} 为失效应变

$$\sigma_y=\left(\sigma_0+\beta E_p\varepsilon_p^{eff}\right)\left[1+\left(\frac{\dot{\varepsilon}}{C}\right)^{\frac{1}{P}}\right] \tag{6.1}$$

式中，β 为硬化参数；E_p 为塑性硬化模量；ε_p^{eff} 为等效塑性应变；σ_y 为动态屈服强度；σ_0 为准静态屈服强度；$\dot{\varepsilon}$ 为应变率；C 和 P 为应变率强化参数。同时，该模型可考虑循环加载条件下的各向同性硬化、随动硬化或混合硬化，$\beta=0$ 时为随动硬化，$\beta=1$ 时为各向同性硬化，$0<\beta<1$ 时为混合硬化。

约束混凝土侵彻试验[132-136]、数值模拟[87, 142]和理论分析[151-153]表明，在弹丸侵彻混凝土介质的过程中，弹靶接触区域附近将形成高围压区，弹孔周边混凝土被挤密压实，混凝土材料在高围压作用下发生大变形、大应变和大位移；从弹靶接触区域向外，随着距离的增大，压力不断下降，形成中、低围压区，混凝土材料在中、低围压作用下发生小变形、小应变和小位移，且局部区域由于拉伸而产生断裂裂缝。根据侵彻过程中的混凝土压力分布情况，本节采用 FEM/CSCM-SPH/HJC 耦合法[138]，即对混凝土进行分区处理，高围压区混凝土采用 SPH 法和 HJC 本构模型，中、低围压区混凝土采用 FEM 和 CSCM 本构模型。其中，HJC 本构模型适用于高围压条件下的混凝土模拟；CSCM 本构模型对中、低围压条件下的混凝土力学性能有较高的模拟精度，且能模拟拉伸断裂。

HJC 本构模型综合考虑了围压、应变率、损伤软化和孔隙压实效应等影响，是目前模拟高速冲击、爆炸等强动载作用下混凝土动态响应的重要本构模型之一，能较好地描述混凝土在大应变、高应变率和高围压条件下的力学性能。该模型在主应力空间沿压缩子午线进行定义，由强度方程、损伤方程和状态方程三部分组成，如图 6.4～图 6.6 所示。

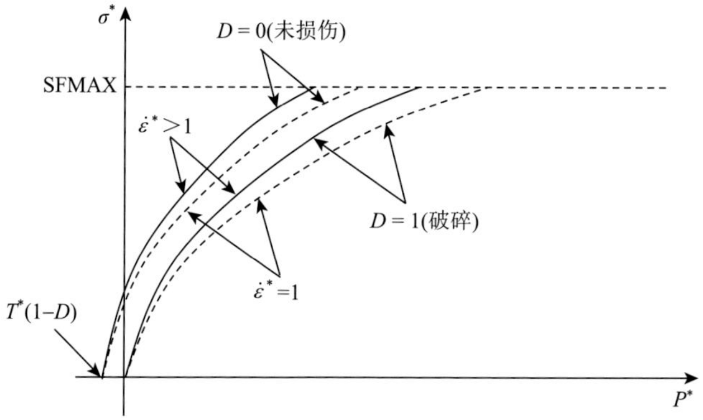

图 6.4　HJC 本构模型的强度方程

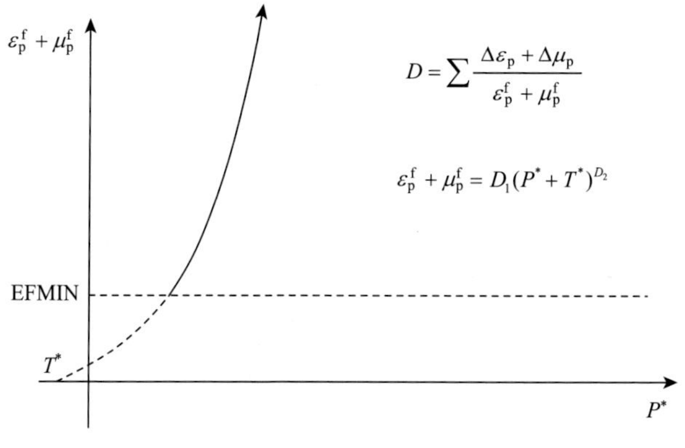

图 6.5　HJC 本构模型的损伤方程

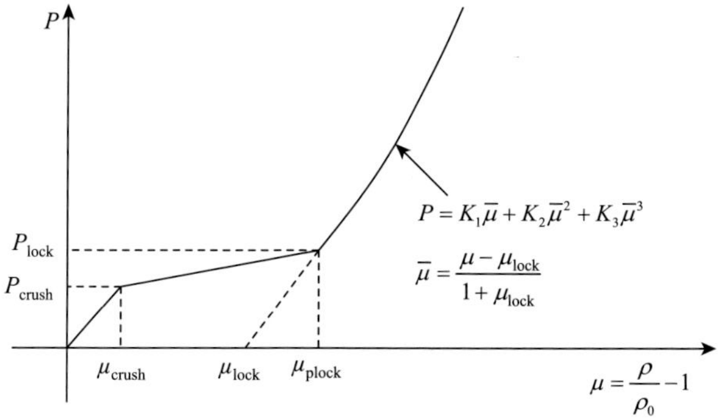

图 6.6　HJC 本构模型的状态方程

混凝土强度方程综合考虑了围压、损伤和应变率效应的影响，其表达式为

$$\sigma^* = \left[A(1-D) + BP^{*N}\right](1 + C\ln\dot{\varepsilon}^*) \tag{6.2}$$

式中，$\sigma^* = \sigma/f_c'$为无量纲等效应力，$P^* = P/f_c'$为无量纲等效压力，σ和P分别为等效应力和等效压力，f_c'为准静态单轴抗压强度；$\dot{\varepsilon}^* = \dot{\varepsilon}/\dot{\varepsilon}_0$为无量纲应变率，$\dot{\varepsilon}$为应变率，$\dot{\varepsilon}_0 = 1.0\text{s}^{-1}$为参考应变率；$A$为无量纲黏聚强度；$B$为无量纲压力硬化系数；$N$为压力硬化指数；$C$为应变率参数。参数$A$、$B$、$N$和$C$共同确定了强度破坏面的形状，可由复杂应力状态下的混凝土强度试验数据拟合得到。

由式（6.2）可知，HJC本构模型的强度破坏面在偏平面上的投影为圆形，即没有考虑偏应力张量第三不变量J_3'的影响，导致该模型更适用于高围压状态下的混凝土动态响应，但在模拟混凝土低围压状态下的拉伸破坏和剪切破坏时精度较差。

损伤方程的表达式为

$$D = \sum \frac{\Delta\varepsilon_p + \Delta\mu_p}{D_1(P^* + T^*)^{D_2}} \tag{6.3}$$

式中，$\Delta\varepsilon_p$、$\Delta\mu_p$分别为单个时间步内的等效塑性应变和塑性体积应变；D_1、D_2为损伤参数。

状态方程采用三段式函数表达，如式（6.4）所示。其中，第一段为线弹性阶段（$P<P_{crush}$），混凝土未发生塑性体积应变，体积应变与压力成正比；第二段为弹塑性阶段（$P_{crush}\leqslant P\leqslant P_{lock}$），混凝土中的空气孔洞逐渐被压实，从而产生塑性体积应变，其斜率在弹性体积模量$K_{elastic}$和K_1之间插值得到；第三段为完全压实阶段（$P>P_{lock}$），混凝土中的空气孔洞已被完全压实。

$$P = \begin{cases} K_{elastic}\mu, & P < P_{crush} \\ \left[(1-F)K_{elastic} + FK_1\right]\mu, & P_{crush} \leqslant P \leqslant P_{lock} \\ K_1\bar{\mu} + K_2\bar{\mu}^2 + K_3\bar{\mu}^3, & P > P_{lock} \end{cases} \tag{6.4}$$

式中

$$K_{elastic} = \frac{P_{crush}}{\mu_{crush}}, \quad \mu = \frac{\rho}{\rho_0} - 1, \quad \bar{\mu} = \frac{\mu - \mu_{lock}}{1 + \mu_{lock}}$$

$$\mu_{lock} = \frac{\rho_{grain}}{\rho_0} - 1, \quad F = \frac{\mu_{max} - \mu_{crush}}{\mu_{plock} - \mu_{crush}}$$

$K_{elastic}$为弹性体积模量；μ为体积应变；$\bar{\mu}$为修正体积应变，K_1、K_2、K_3为混凝土完全压实段的状态方程参数；ρ_0为混凝土初始密度；ρ_{grain}为孔洞完全压实后的混凝土密度，压实体积应变μ_{lock}反映了混凝土的密实程度。

CSCM本构模型[154, 155]可较好地反映中、低围压和拉伸状态下的混凝土力学性能，其强度破坏面由应力张量第一不变量J_1、偏应力张量第二不变量J_2'、偏应

力张量第三不变量 J_3' 以及帽盖硬化系数 κ 定义，如式（6.5）所示；在主应力空间中，强度破坏面由剪切破坏面（式（6.6））和椭圆形帽盖面（式（6.7））组成，剪切破坏面和帽盖面之间采用光滑插值，如图 6.7 所示。

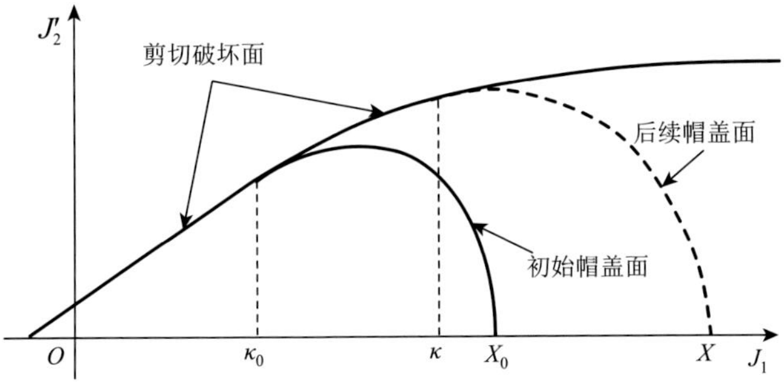

图 6.7　CSCM 本构模型强度破坏面示意图

$$f\left(J_1, J_2', J_3', \kappa\right) = J_2' - R^2 F_f^2 F_c \tag{6.5}$$

$$F_f(J_1) = \alpha - \lambda \exp^{-\beta J_1} + \theta J_1 \tag{6.6}$$

$$F_c(J_1, \kappa) = \begin{cases} 1 - \dfrac{(J_1 - \kappa)^2}{(X - \kappa)^2}, & J_1 \geqslant \kappa \\ 1, & \text{其他} \end{cases} \tag{6.7}$$

式中，F_f 为三轴压缩状态下的混凝土剪切破坏函数；F_c 为帽盖硬化函数；R 为 Rubin 系数，反映偏应力张量第三不变量 J_3' 对强度破坏面在偏平面上投影形状的影响；参数 α、β、λ 和 θ 可通过对混凝土三轴压缩试验数据进行拟合得到；κ 为帽盖面和剪切破坏面交点处的 J_1 值；X 为帽盖面与横坐标交点处的 J_1 值，帽盖面膨胀可模拟混凝土的塑性体积压缩，帽盖面收缩可模拟混凝土的塑性体积膨胀。

当压力为正值（即受压）时，在偏平面上对三轴压缩剪切破坏面的投影进行缩放，如图 6.8 所示，可得到扭转和三轴拉伸状态下的强度破坏函数，分别为

$$F_{\mathrm{TOR}}(J_1) = Q_1 F_f(J_1), \quad Q_1 = \alpha_1 - \lambda_1 \exp^{-\beta_1 J_1} + \theta_1 J_1 \tag{6.8}$$

$$F_{\mathrm{TXT}}(J_1) = Q_2 F_f(J_1), \quad Q_2 = \alpha_2 - \lambda_2 \exp^{-\beta_2 J_1} + \theta_2 J_1 \tag{6.9}$$

式中，Q_1、Q_2 为 Rubin 系数的具体表达式。其中，参数 α_1、β_1、λ_1、θ_1、α_2、β_2、λ_2、θ_2 可由相应应力状态下的试验数据拟合得到。当压力为负值（即受拉）时，强度破坏面在偏平面上的投影为三角形，即 $Q_1 = 0.5774$，$Q_2 = 0.5$。

对于混凝土达到应力峰值之后的应变软化和刚度折减现象，CSCM 本构模型采用损伤变量 d 进行描述，d 值介于 0～1 范围内。当 $d = 0$ 时，混凝土未发生损伤，强度和模量均保持初始值；当 $d = 1$ 时，混凝土发生完全破坏，强度和模量降至零。混凝土在拉伸状态下表现为脆性破坏，在中、低围压状态下表现为延性破

坏，为区分不同应力状态下的混凝土损伤特点，CSCM 本构模型分别采用脆性损伤变量（式（6.10））和延性损伤变量（式（6.11））进行描述。

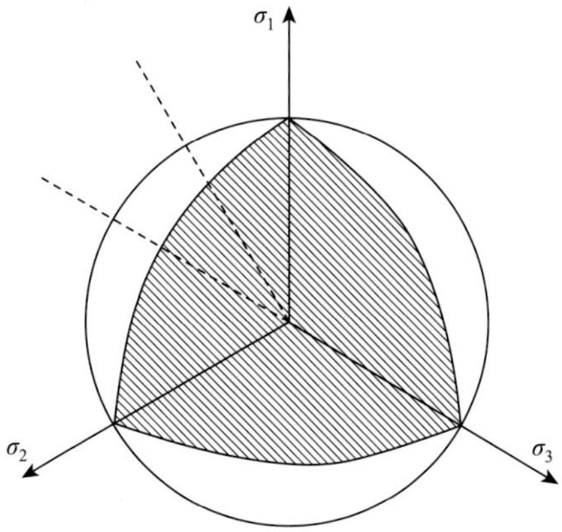

图 6.8　CSCM 本构模型强度破坏面在偏平面上的投影

脆性损伤：

$$d(\tau_{\mathrm{t}})=\frac{0.999}{D}\frac{1+D}{1+D\exp^{-C(\tau_{\mathrm{t}}-r_{0\mathrm{t}})}},\quad \tau_{\mathrm{t}}=\sqrt{E\varepsilon_{\max}^{2}} \tag{6.10}$$

延性损伤：

$$d(\tau_{\mathrm{c}})=\frac{0.999}{B}\frac{1+B}{1+B\exp^{-A(\tau_{\mathrm{c}}-r_{0\mathrm{c}})}},\quad \tau_{\mathrm{c}}=\sqrt{\frac{1}{2}\sigma_{ij}\varepsilon_{ij}} \tag{6.11}$$

式中，A、B、C、D 为损伤参数；τ_{t}、τ_{c} 分别为基于应变能的脆性和延性损伤判别指标；$r_{0\mathrm{t}}$、$r_{0\mathrm{c}}$ 分别为基于应变能的脆性和延性损伤判别阈值；$\varepsilon_{\max}$ 为最大主应变；σ_{ij}、ε_{ij} 分别为应力张量和应变张量。当 $\tau_{\mathrm{t}} \geqslant r_{0\mathrm{t}}$ 或 $\tau_{\mathrm{c}} \geqslant r_{0\mathrm{c}}$ 时，损伤开始发展，并逐渐累积。

CSCM 本构模型的计算参数较多，为了便于使用，LS-DYNA 软件基于 CEB 规范[156, 157]和相关试验数据，提供了参数自动生成功能，即根据混凝土轴心抗压强度和最大骨料粒径，按照程序内置的插值公式自动计算所有材料参数。混凝土材料力学性能的离散性较大，且本节试验采用自密实高强混凝土，与普通混凝土有较大差别，导致自动生成的部分材料参数适用性较差。

根据上述原则，结合试验数据，钢管和混凝土的材料模型参数分别如表 6.5、表 6.6 和表 6.7 所示。其中混凝土实测密度为 2385kg/m^3，最大粒径为 16mm，标准立方体抗压强度为 73MPa。根据《混凝土结构设计规范》（GB 50010—2010）[158]，混凝土轴心抗压强度与立方体抗压强度的比值为

$$Y=0.76+0.002\times(f_{\mathrm{cu,k}}-50)=0.76+0.002\times(73-50)=0.81 \tag{6.12}$$

计算得到混凝土轴心抗压强度为

$$f_{\mathrm{ck}} = 73 \times 0.81 = 59.13(\mathrm{MPa}) \tag{6.13}$$

HJC 本构模型参数中，材料密度 R_0 和准静态单轴抗压缩强度 f_c 根据实测结果取值；剪切模量 G、体积模量 K 均与 CSCM 本构模型自动计算参数保持一致，分别取为 14.34GPa 和 15.71GPa；应变率参数 C、参考应变率 EPS_0、状态方程参数（K_1、K_2、K_3）以及损伤参数（D_1、D_2、EFMIN、P_L）均与文献[159]保持一致；由于 SPH 粒子不存在单元畸变问题，将失效参数 FS 取为 20，即不考虑其失效删除；状态方程参数（P_C、U_C）和最大拉伸静水压力 T 根据文献[159]方法计算得到；压实体积应变 $U_L = \rho_{\mathrm{grain}} / \rho_0 - 1$，取 $\rho_{\mathrm{grain}} = 2680\mathrm{kg/m^3}$，则 $U_L = 0.124$。

表 6.5　钢管弹塑性硬化模型主要参数

密度 R_0/(kg/m^3)	弹性模量 E/GPa	泊松比	静态屈服强度/MPa	切线模量/GPa
7850	210	0.3	321	3.213
硬化参数 β	C/s^{-1}	P	失效应变 FS	
1	305.8	2.7515	0.5	

表 6.6　CSCM 本构模型参数

R_0/(kg/m^3)	G/GPa	K/GPa	α/MPa	θ	λ/MPa	β	NH
2385	14.34	15.71	15.92	0.21	10.51	1.929×10^{-8}	1
α_1	θ_1	λ_1	β_1	α_2	θ_2	λ_2	β_2
0.7473	7.716×10^{-11}	0.17	2.593×10^{-8}	0.66	8.515×10^{-11}	0.16	2.593×10^{-8}
R	X_0/MPa	W	D_1	D_2	B	GFC	D
5	110.9	0.05	2.5×10^{-10}	3.492×10^{-19}	100	7092	0.1
GFT	GFS	PWRC	PWRT	PMOD	ETA0C	NC	ETA0T
70.92	70.92	5	1	0	3.448×10^{-4}	0.78	1.011×10^{-4}
NT	OVERC/MPa	OVERT/MPa	SRATE	REPOW	CH		
0.48	43.68	43.68	1	1	0		

表 6.7　HJC 本构模型参数

R_0/(kg/m^3)	G/GPa	A	B	C	N	f_c/MPa
2385	14.34	0.28	1.26	0.006	0.93	59.13
T/MPa	EPS0	EFMIN	SFMAX	P_C/MPa	U_C	P_L/MPa
1.59	1	0.01	150	19.61	0.00125	1210
U_L	D_1	D_2	K_1/GPa	K_2/GPa	K_3/GPa	FS
0.124	0.04	1	12	135	698	20

3. 接触控制与边界条件

根据接触面所处的类型，选择不同的接触控制方式。光滑粒子与弹丸间采用点面侵蚀（ERODING_NODES_TO_SURFACE），弹丸各组成部分间的接触面采用面面侵蚀（ERODING_SURFACE_TO_SURFACE），光滑粒子与混凝土有限元网格间采用固定点面接触（TIED_NODES_TO_SURFACE），混凝土与钢管间采用面面接触（TIED_SURFACE_TO_SURFACE）。钢管侧面为自由边界，弹道剖面为对称边界，背面位移为零。

6.1.2 仿真模型的验证

采用前述方法和参数，对第 4 章侵彻试验中的 11 个典型工况进行数值模拟，模拟结果与试验结果的对比如表 6.8 和图 6.9～图 6.13 所示。由表 6.8 可知，数值模拟得到的侵彻深度与试验结果总体上吻合较好，绝大部分试件的相对误差在 3%以内；其中 WT140/4.5-2 试件的模拟结果比试验结果偏大约 11.7%，其原因可能是试验离散性，如混凝土质量不均匀和弹丸入射非理想正入射等。

表 6.8 试验典型工况的数值模拟结果与试验结果对比

序号	试件编号	着靶速度/(m/s)	侵彻深度		
			模拟值/mm	试验值/mm	相对误差/%
1	WT80/2.5-3	806.1	156.69	157	−0.2
2	WT80/3.5-9	787.1	142.13	138.6	2.5
3	WT110/2.5-2	794.9	154.65	159.7	−3.2
4	WT110/3.5-7	790.2	148.27	152.8	−3.0
5	WT110/4.5-1	790.5	148.16	148.6	−2.3
6	WT140/4.5-2	792.7	149.82	134.1	11.7
7	WT160/3.5-5	790.2	152.82	152.2	0.4
8	WS198/3.5-1	795.5	159.07	148.3	7.3
9	WT110/3.5-L-4 WT110/3.5-L-5	801.3	161.4	170.5	−5.3
10	C405/4.5-2	784	149.38	153.8	−2.9

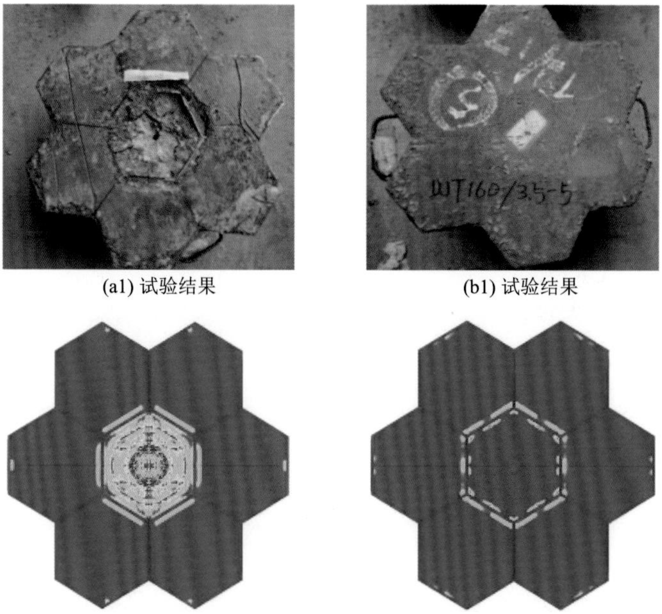

(a1) 试验结果　(b1) 试验结果

(a2) 模拟结果　(b2) 模拟结果

(a) 迎弹面　(b) 背面

图 6.9　WT160/3.5-5 试件损伤情况

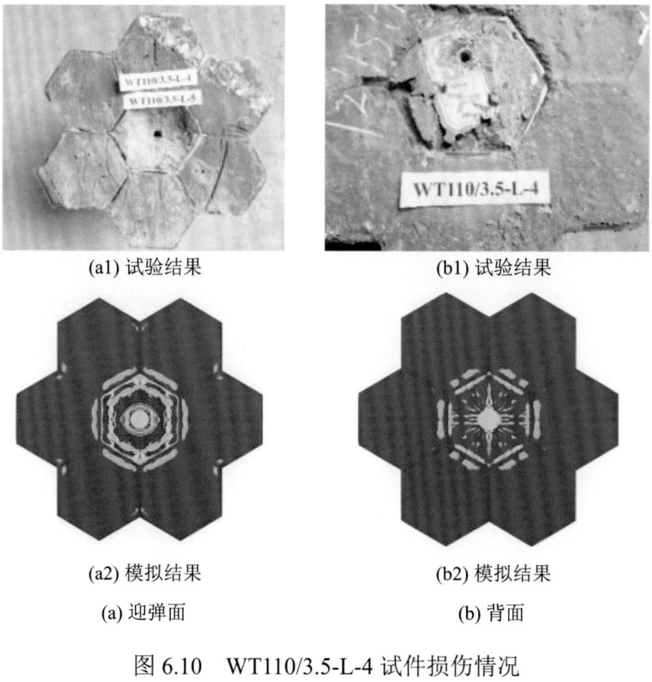

(a1) 试验结果　(b1) 试验结果

(a2) 模拟结果　(b2) 模拟结果

(a) 迎弹面　(b) 背面

图 6.10　WT110/3.5-L-4 试件损伤情况

(a1) 试验结果

(b1) 试验结果

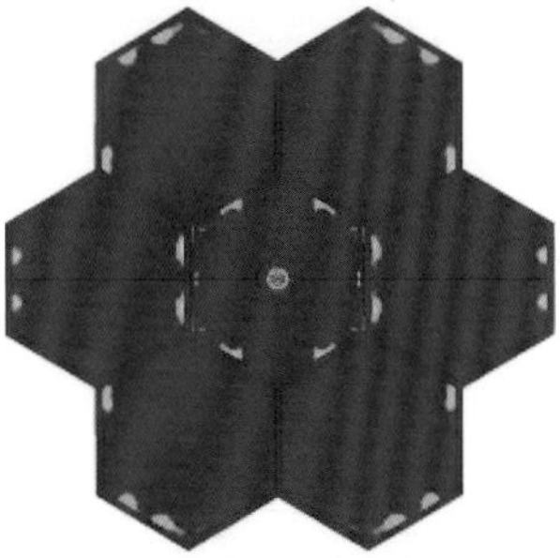

(a2) 模拟结果

(a) 迎弹面

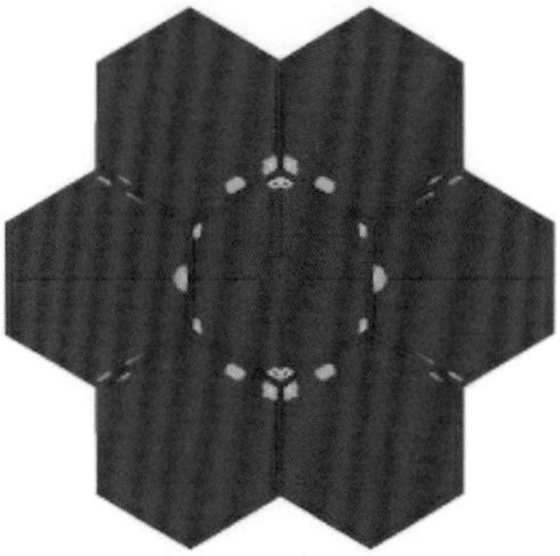

(b2) 模拟结果

(b) 背面

图 6.11　WT110/3.5-L-5 试件损伤情况

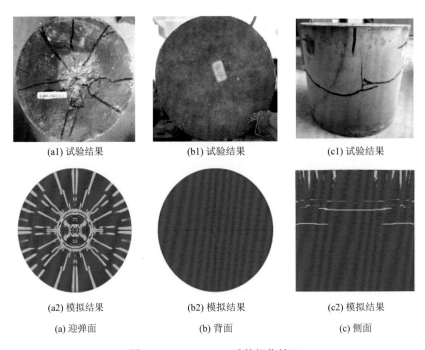

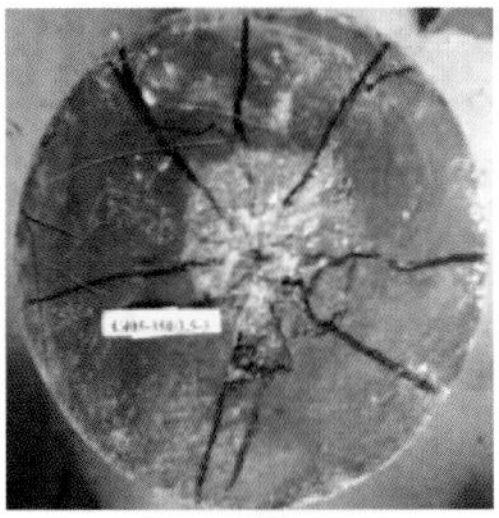

(a1) 试验结果

(b1) 试验结果

(c1) 试验结果

(a2) 模拟结果

(a) 迎弹面

(b2) 模拟结果

(b) 背面

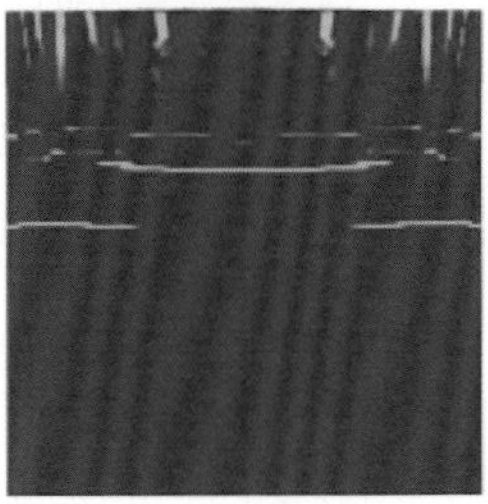

(c2) 模拟结果

(c) 侧面

图 6.12　C405/4.5-2 试件损伤情况

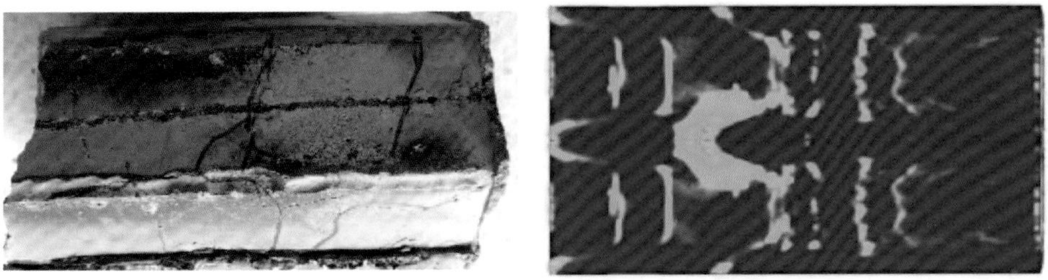

(a) 试验结果　　(b) 模拟结果

图 6.13　WT160/3.5-5 试件核心单元混凝土侧面损伤情况

由图 6.9～图 6.13 可见，数值模拟结果较好地反映了正六边形蜂窝钢管约束混凝土和 C405 试件的宏观破坏现象。对于蜂窝钢管约束混凝土，模拟结果较好地反映了中心单元混凝土迎弹面漏斗坑、侧面裂缝以及周边单元混凝土的损伤情况；对于 C405 试件，模拟结果较好地反映了迎弹面漏斗坑、漏斗坑周边贯穿裂缝以及侧面裂缝等损伤情况。综合表 6.8 以及图 6.9～图 6.13 可见，本章采用的数值模拟方法及相关参数合理可行，可用于后续抗侵彻机理和参数影响分析。

6.2　抗侵彻机理分析

以 WT110/3.5 试件为例，对正六边形蜂窝钢管约束混凝土的侵彻过程、约束机理进行分析。钢管壁厚为 3.5mm，含钢率为 7.35%，弹丸中心正入射，着靶速度取为 800m/s。

6.2.1　侵彻过程分析

图 6.14～图 6.16 分别给出了 WT110/3.5 试件的混凝土损伤发展、压力分布和密度分布情况。为便于观察，图 6.14～图 6.16 均为弹靶仿真模型的对称纵剖面。由于现有的处理器 LS_PrePost 无法显示有限单元的密度变化，图 6.16 仅在 SPH 粒子中显示混凝土密度变化。

由图 6.14～图 6.16 可见，在弹丸侵彻作用下，中心单元（被侵彻单元）的响应与结构单元[146]类似，迎弹面形成了较大的漏斗坑，漏斗坑内的混凝土发生反向喷溅；由于蜂窝钢管的约束作用，混凝土的损伤范围被控制在中心单元内部，并主要集中在漏斗坑附近和侵彻弹道周围，周边单元混凝土的损伤程度很小；混凝土高压区（压力≥200MPa）和高密度区（密度≥2600kg/m^3）主要集中在弹芯头部的侧面，可知弹芯侵彻阻力主要由弹芯头部的扩孔作用产生。

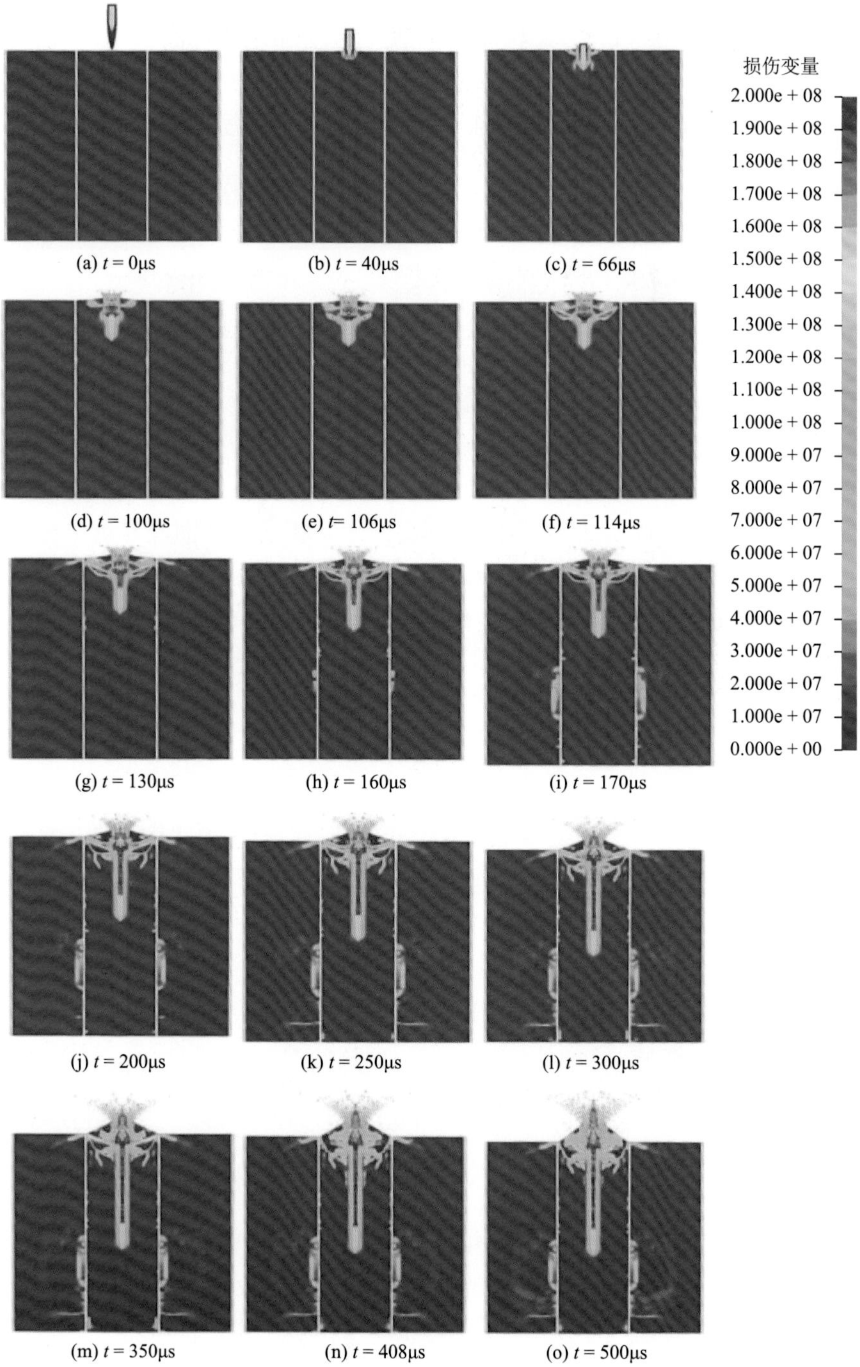

图 6.14　WT110/3.5 试件侵彻过程中混凝土损伤发展（弹靶纵剖面）

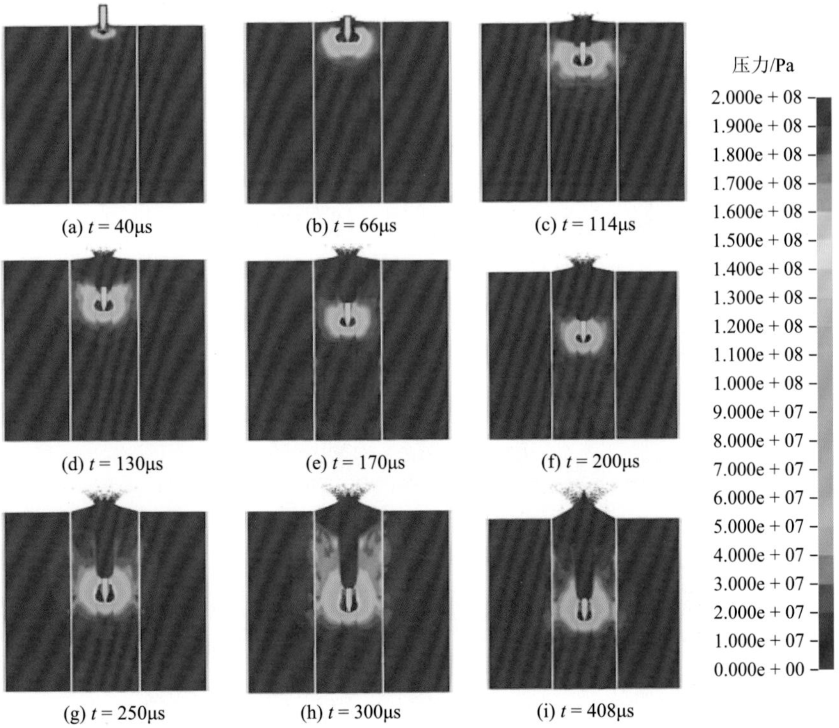

图 6.15　WT110/3.5 试件侵彻过程中混凝土压力分布（弹靶纵剖面）

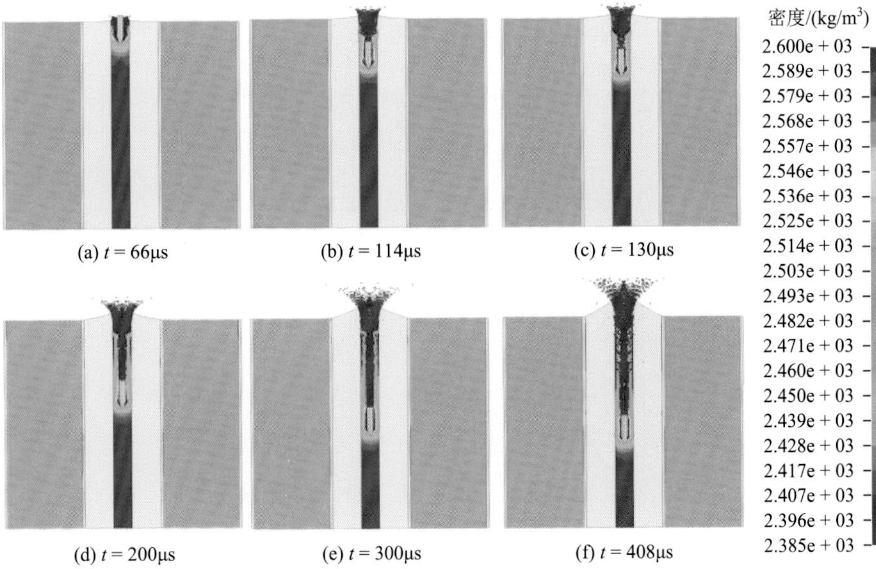

图 6.16　WT110/3.5 试件侵彻过程中混凝土密度分布（弹靶纵剖面）

图 6.17～图 6.19 分别为弹芯的负加速度时程曲线、速度时程曲线和侵彻深度时程曲线。

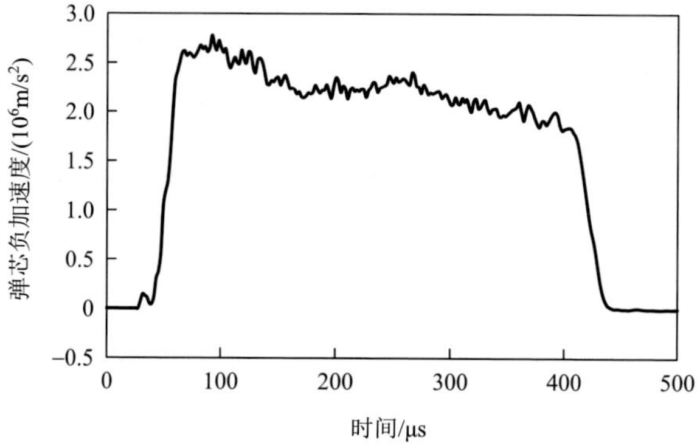

图 6.17　弹芯负加速度时程曲线

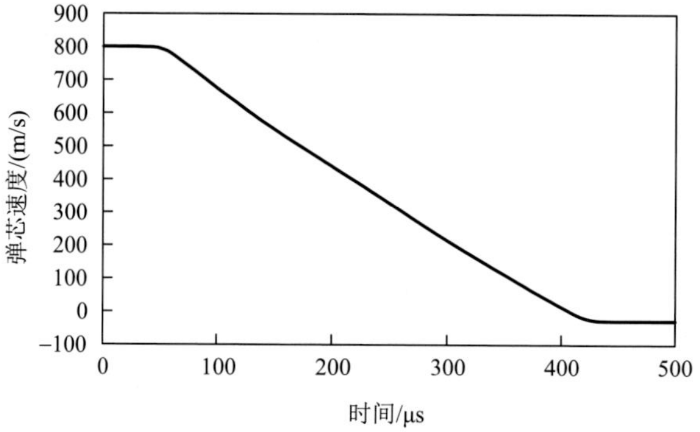

图 6.18　弹芯速度时程曲线

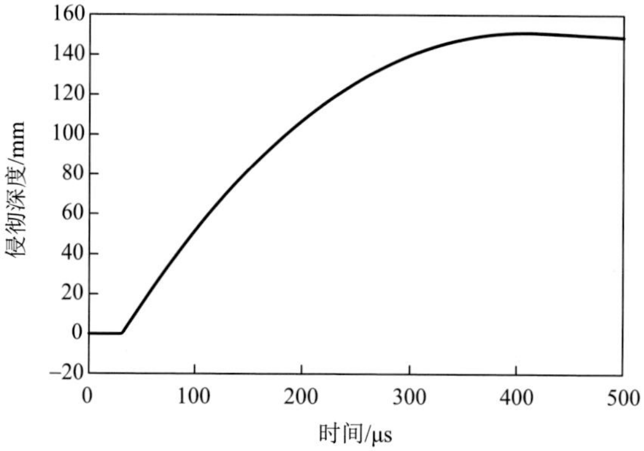

图 6.19　弹芯侵彻深度时程曲线

根据图 6.17～图 6.19，并结合图 6.14，可将弹体侵彻过程划分为开坑（$t\leqslant 66\mu s$）和隧道侵彻（$t>66\mu s$）两个阶段。当 $t<40\mu s$ 时，弹芯尚未与混凝土发生接触，其加速度为零；弹体中的铜皮已开始对迎弹面混凝土产生侵彻作用，撞击点周边混凝土发生损伤，由于铜皮的自身厚度较薄，材质较软，混凝土损伤范围较小。当 $40\mu s\leqslant t<66\mu s$ 时，弹芯的弹尖部分和钢套逐渐侵入混凝土中，但弹芯速度基本不变；$t\approx 50\mu s$ 时，弹芯负加速度迅速上升，但速度未明显下降，在迎弹面表面产生直径较小的漏斗坑。当 $66\mu s\leqslant t\leqslant 114\mu s$ 时，弹芯侵彻深度不断增加，速度下降，负加速度达到峰值，并有小幅度波动；迎弹面混凝土的损伤范围和损伤程度均快速发展，在约 114μs 时形成较为完整的漏斗坑，漏斗坑深度与弹芯尾部位置基本重合。当 $t>114\mu s$ 时，弹芯的侵彻深度继续增加，但增加速度有所下降，弹芯负加速度总体上随弹芯速度的下降而不断降低；随着弹芯侵彻深度的增大，除弹孔周边外，中心单元的混凝土损伤变化较小，周边单元的混凝土损伤略有增大，但总体上损伤程度较小；在约 408μs 时达到最大侵彻深度 151mm，之后弹芯负加速度迅速下降。

结合图 6.15 可见，混凝土高压区（压力≥200MPa）在横截面上的直径与弹芯负加速度相关，弹芯负加速度越大，高压区直径越大，混凝土侵彻阻力越大。

为分析弹芯在混凝土中的扩孔过程，选取距离迎弹面 80mm 的截面进行分析，将该截面记为截面 80。图 6.20 和图 6.21 分别为 WT110/3.5 试件弹芯扩孔过程中截面 80 混凝土压力和密度变化情况，同时给出了弹芯的位置。由图 6.20 和图 6.21 可见，弹芯头部在约 148μs 时到达截面 80，在约 168μs 时穿过该截面，即弹芯头部的扩孔持续时间约为 20μs；在弹芯头部到达该截面之前（$t\leqslant 148\mu s$），混凝土中存在量值较大的压应力场，在弹芯头部前方形成了较大围压，混凝土密度略有提高，对后续扩孔过程的侵彻阻力有提高作用；在弹芯头部扩孔阶段（$148\mu s<t\leqslant 168\mu s$），由于钢管和周边单元的约束作用，弹芯扩孔过程进一步提高了弹芯头部周围的混凝土围压，混凝土高密度区的范围不断增大，使弹芯侵彻阻力得到进一步提高；当 $t>168\mu s$ 时，弹芯头部的扩孔过程结束，混凝土高压区和高密度区的范围不断缩小。

图 6.22 为截面 80 的不同位置节点径向位移分布，节点均位于对称轴上。从图中可以看出，在弹芯侵彻作用下，混凝土的径向变形主要集中在弹孔周围；在弹芯头部到达该截面之前（$t\leqslant 148\mu s$），由于应力波的作用，该截面上的节点已发生径向位移，但量值较小，且中心区域的节点径向位移最小；在弹芯头部扩孔阶段（$148\mu s<t\leqslant 168\mu s$），该截面上的节点径向位移迅速增加，中心区域节点的径向位移增长幅度最大。结合图 6.16 和图 6.21 可知，在弹芯头部扩孔作用下，弹芯头部侧面的混凝土被挤密压实，越靠近弹芯，混凝土的压实程度越大。

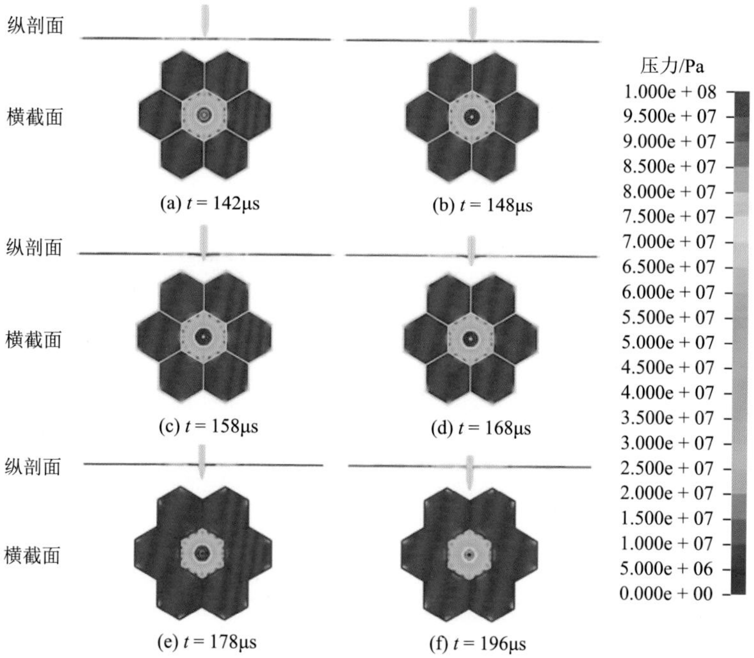

图 6.20　WT110/3.5 试件弹芯扩孔过程中截面 80 混凝土压力变化情况

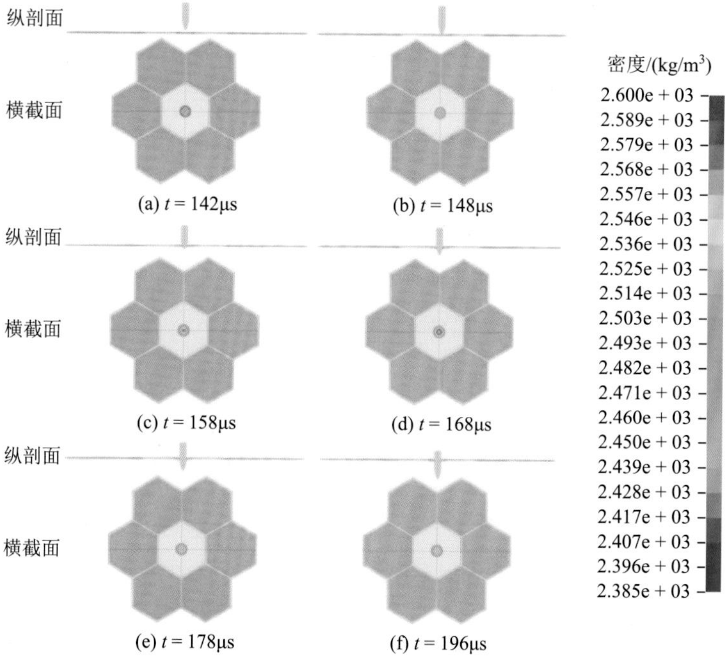

图 6.21　WT110/3.5 试件弹芯扩孔过程中截面 80 混凝土密度变化情况

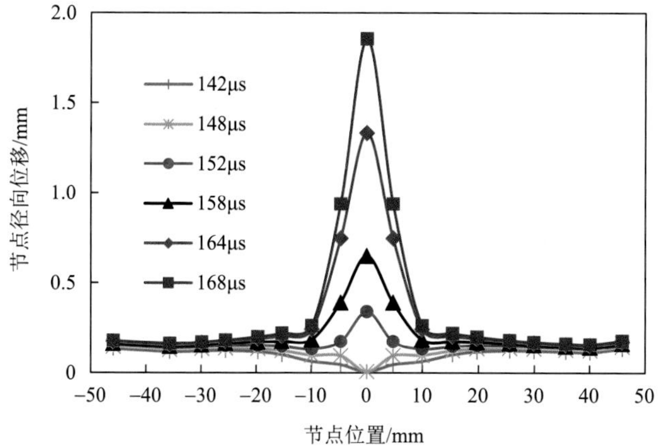

图 6.22 截面 80 的节点径向位移分布

综上所述，钢管约束混凝土的约束效应主要发生在弹芯头部扩孔阶段，表现为弹芯头部周围混凝土围压显著升高，密度增大，从而侵彻阻力增大。

6.2.2 约束机理分析

在弹丸侵彻过程中，蜂窝钢管约束混凝土的中心单元混凝土共受到三种约束作用的影响，分别是中心单元的钢管约束作用、中心单元混凝土的自约束作用和周边单元的附加约束作用，其中结构单元只有前两种作用。由于混凝土的强度随围压的增加而增大，在以上三种约束作用的共同影响下，中心单元混凝土的抗侵彻阻力显著增大。为了深入分析以上三种约束作用的影响，分别建立与 WT110/3.5 试件相对应的单孔钢管约束混凝土结构单元和素混凝土靶的仿真模型（图 6.23），结构单元和素混凝土靶的对角线边长与 WT110/3.5 试件相同，结构单元的钢管壁厚为 3.5mm，其他计算条件与 6.2.1 节一致。素混凝土靶只有混凝土自约束作用，结构单元受到钢管约束作用和混凝土自约束作用的共同影响，而蜂窝结构同时具有以上三种约束作用。

图 6.24 为蜂窝结构、结构单元和素混凝土靶的弹芯负加速度时程曲线。其中，素混凝土靶被弹芯完全击穿，蜂窝结构和结构单元未被击穿。从图中可以看出，在开坑阶段（$t \leqslant 66\mu s$），蜂窝结构、结构单元和素混凝土靶的弹芯负加速度基本相同，弹芯在开坑阶段的侵彻阻力基本相等，且结构单元和素混凝土靶的加速度达到峰值，据此可判断中心单元的钢管约束作用和周边单元的附加约束作用对开坑阶段弹芯侵彻阻力的影响很小。在隧道侵彻阶段（$t > 66\mu s$），蜂窝结构的弹芯负加速度最大，结构单元次之，素混凝土靶最小，且素混凝土靶的下降幅度

最大，表明中心单元钢管约束作用和周边单元附加约束作用对隧道侵彻阶段的混凝土抗侵彻阻力有重要影响。

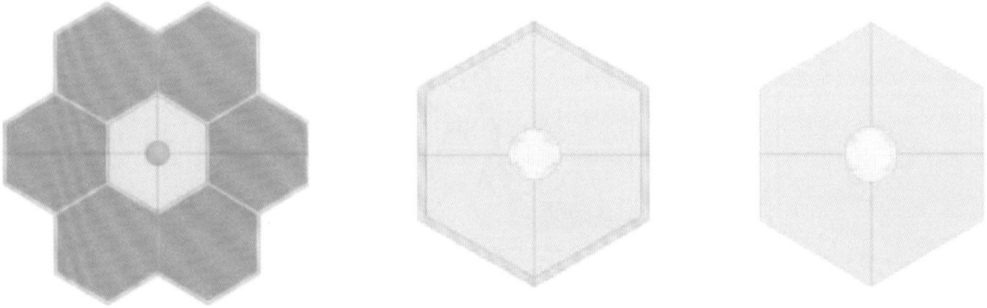

(a) 蜂窝结构　　(b) 结构单元　　(c) 素混凝土靶

图 6.23　靶体仿真模型

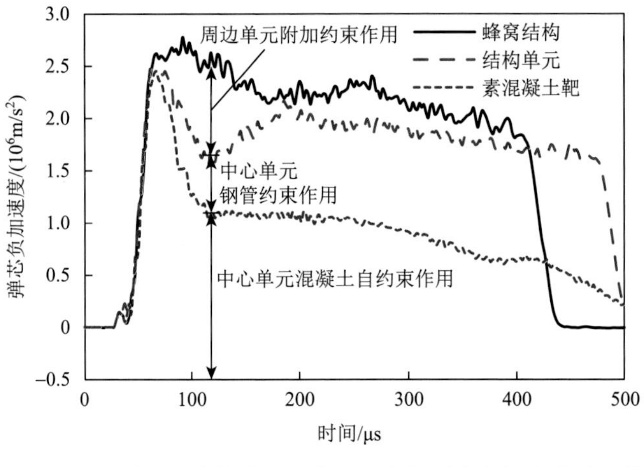

图 6.24　蜂窝结构、结构单元和素混凝土靶弹芯负加速度时程曲线

为深入研究中心单元混凝土自约束作用、钢管约束作用和周边单元附加约束作用对混凝土侵彻阻力的影响，选取指定截面进行单元压力、应变、变形和能量分析。由于单元压力、应变、变形和能量等物理量均与弹芯瞬时速度密切相关，为便于比较，取弹芯通过指定截面的瞬时速度均为 550m/s。

图 6.25 给出了蜂窝结构、结构单元和素混凝土靶在指定截面上的混凝土压力分布，图 6.26 为钢管壁内侧的混凝土单元压力分布情况，图 6.27 为钢管内壁单元径向位移。可以看出，蜂窝结构的高压区范围大于结构单元，结构单元的高压区范围大于素混凝土靶；且蜂窝结构和结构单元的钢管壁内侧混凝土单元压力明显大于素混凝土靶，表明中心单元钢管约束作用和周边单元附加约束作用可显著增大中心单元混凝土的围压，进而提高混凝土的侵彻阻力。对比蜂窝结构和结构单

元可以看出，蜂窝结构的混凝土压力分布、钢管壁变形情况均与结构单元存在明显差异。对于结构单元，钢管壁角部的刚度最大，径向位移最小（0.078mm），约束作用最强，而钢管壁中部的径向位移最大（0.36mm），约束作用最弱，导致钢管壁角部的混凝土压力较大，而钢管壁中部的混凝土出现低压区；对于蜂窝结构，钢管壁角部的径向位移略有下降（0.074mm），而钢管壁中部的径向位移明显小于结构单元，仅为 0.15mm，导致钢管壁中部的混凝土压力明显大于结构单元，钢管壁角部的混凝土压力有所降低。综上所述，由于周边单元附加约束作用的影响，中心单元钢管的变形模式及其对混凝土的约束作用发生了显著变化。

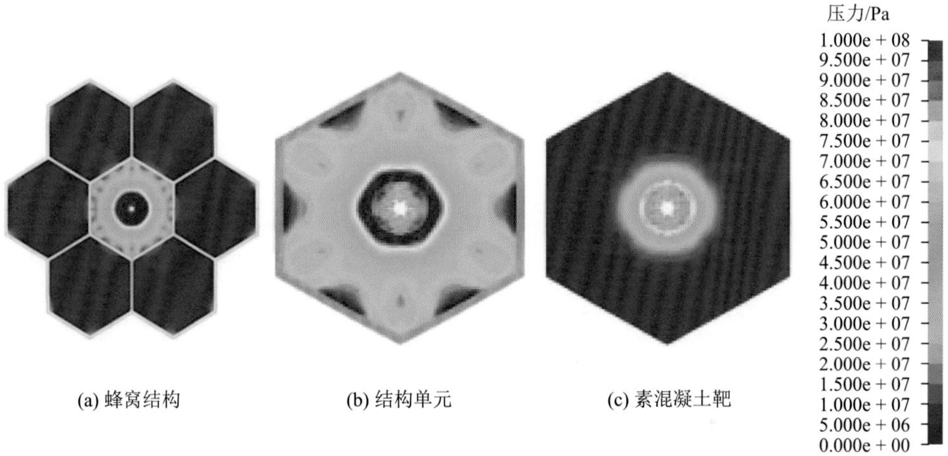

图 6.25　指定截面上的混凝土压力分布

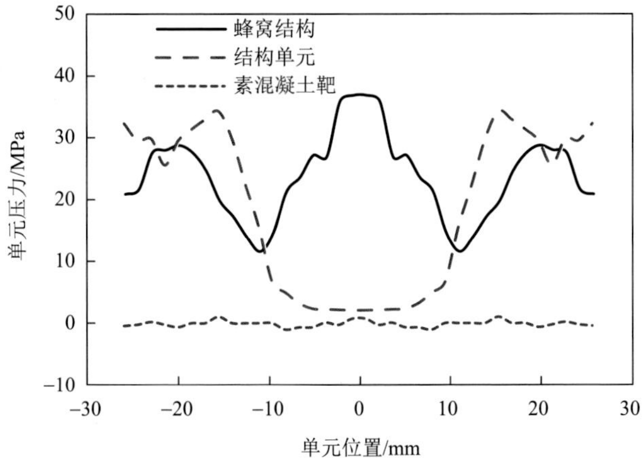

图 6.26　指定截面上钢管壁内侧的混凝土单元压力分布

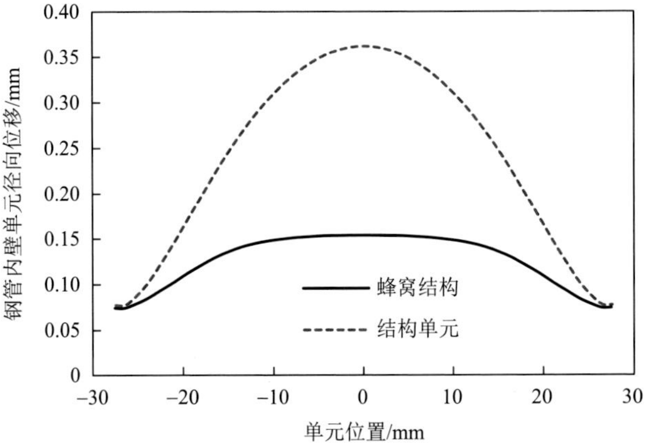

图 6.27　指定截面上的钢管内壁单元径向位移

为进一步分析周边单元附加约束作用对中心单元钢管变形的影响，图 6.28 给出了钢管的等效应变分布，图 6.29 为钢管的应变能时程曲线，图 6.30 和图 6.31 分别为钢管壁角部内侧单元（E_1，见图 6.28）和中部外侧单元（E_2，见图 6.28）的等效应力时程曲线。

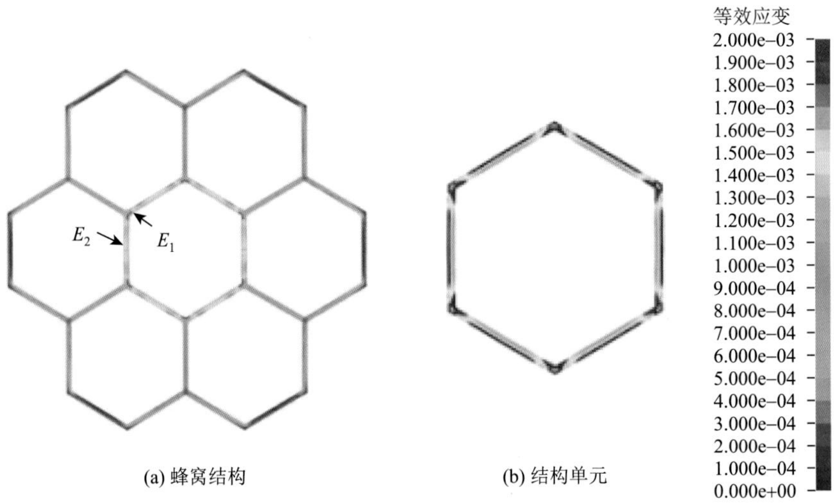

图 6.28　钢管的等效应变分布

由图 6.28～图 6.31 可见，结构单元的钢管等效应变主要发生在钢管壁角部和中部外侧，而蜂窝结构中心单元钢管的等效应变主要集中在钢管壁角部；蜂窝结构钢管壁角部内侧单元 E_1 和中部外侧单元 E_2 的最大等效应力分别约为 591MPa 和 399MPa，均小于结构单元；蜂窝结构的钢管应变能明显低于结构单元。

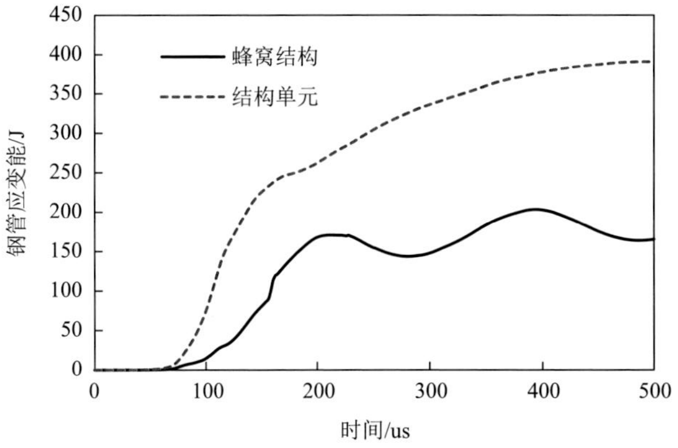

图 6.29　钢管的应变能时程曲线

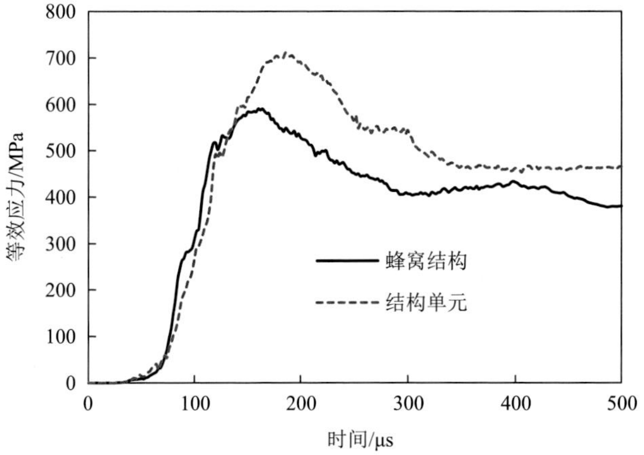

图 6.30　钢管壁角部内侧单元（E_1）的等效应力时程曲线

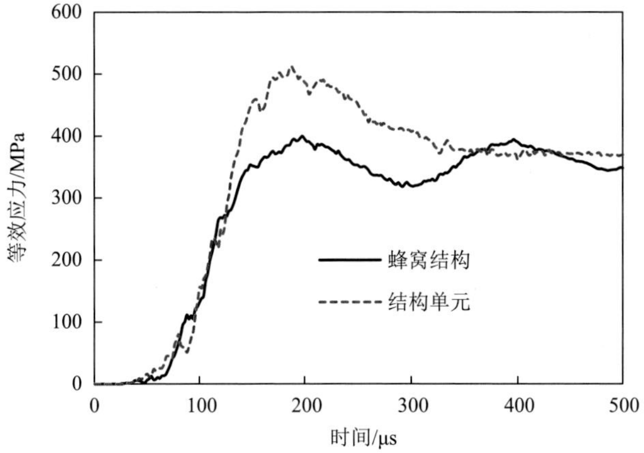

图 6.31　钢管壁中部外侧单元（E_2）的等效应力时程曲线

综合以上分析可得，周边单元附加约束作用对中心单元钢管的变形有较强的限制作用，从而减小中心单元钢管的应力和应变。因此，蜂窝钢管约束混凝土的钢管壁厚可比结构单元钢管相应减小，以充分发挥钢管的材料性能和外围混凝土的约束作用，进而减小含钢率。

6.3　影响因素分析

为分析以上三种约束作用的影响规律，分别改变钢管壁厚和单元外接圆直径，建立蜂窝结构、结构单元和素混凝土靶仿真模型。弹丸均为中心正入射，着靶速度为 800m/s。单元外接圆直径 D_C 为 110mm 时，钢管壁厚 δ 依次为 2.5mm、3mm、3.5mm、4mm、4.5mm 和 5mm；钢管壁厚为 3.5mm 时，单元外接圆直径依次为 60mm、80mm、90mm、100mm、110mm、130mm、160mm、200mm、250mm、325mm 和 400mm；素混凝土靶的单元外接圆直径与蜂窝结构和结构单元相同。对于素混凝土靶，改变单元外接圆直径，用以分析混凝土自约束作用的影响规律。对于蜂窝结构，当单元外接圆直径不变、钢管壁厚增大时，周边单元附加约束作用和中心单元混凝土自约束作用基本不变，可用于分析中心单元钢管约束作用的影响规律；当钢管壁厚不变、单元外接圆直径增大时，中心单元钢管的约束作用与结构单元基本相同，可用于分析周边单元附加约束作用和中心单元混凝土自约束作用的共同影响规律。

对于素混凝土靶，图 6.32 为不同外接圆直径条件下弹芯负加速度时程曲线(其中半无限混凝土靶的直径为 1m)，图 6.33 为瞬时速度为 600m/s 时弹芯负加速度

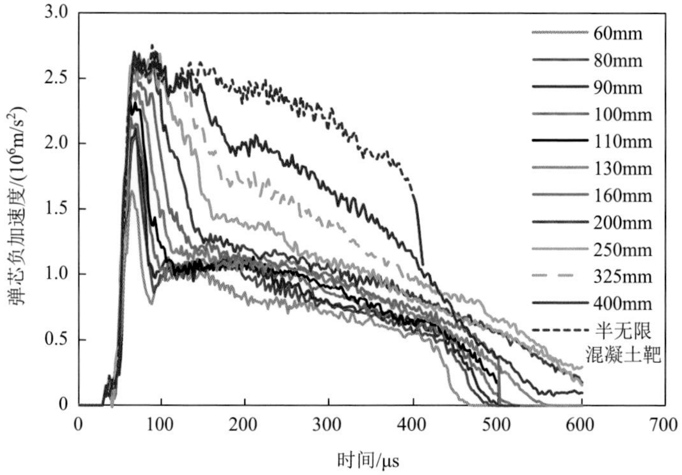

图 6.32　不同外接圆直径条件下弹芯负加速度时程曲线（素混凝土靶）

随单元外接圆直径的变化曲线。由图可见，弹芯负加速度随单元外接圆直径的增大而增加，表明混凝土自约束作用随单元外接圆直径的增加而增大；当 $D_C<100\text{mm}$ 和 $200\text{mm}<D_C<325\text{mm}$ 时，混凝土自约束作用的增加幅度较大，当 $100\text{mm}\leqslant D_C\leqslant 200\text{mm}$ 和 $D_C\geqslant 325\text{mm}$ 时，混凝土自约束作用的增加幅度很小。

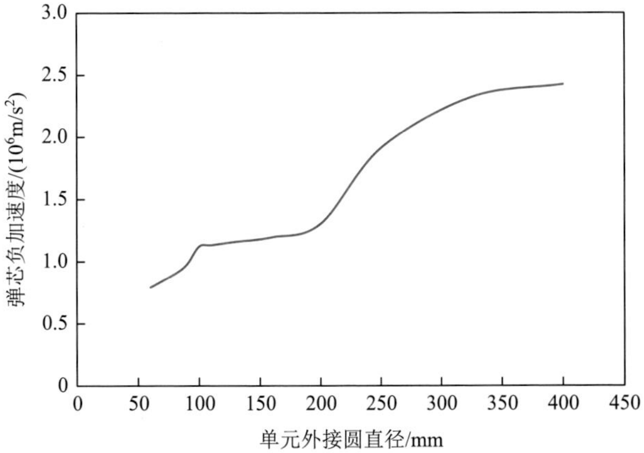

图 6.33　瞬时速度为 600m/s 时弹芯负加速度随单元外接圆直径的变化曲线（素混凝土靶）

图 6.34 和图 6.35 分别给出了弹芯最终侵彻深度随钢管壁厚和单元外接圆直径的变化曲线，图中虚线为半无限混凝土靶（直径 1m）的最终侵彻深度，半无限混凝土靶混凝土外围无钢管约束。

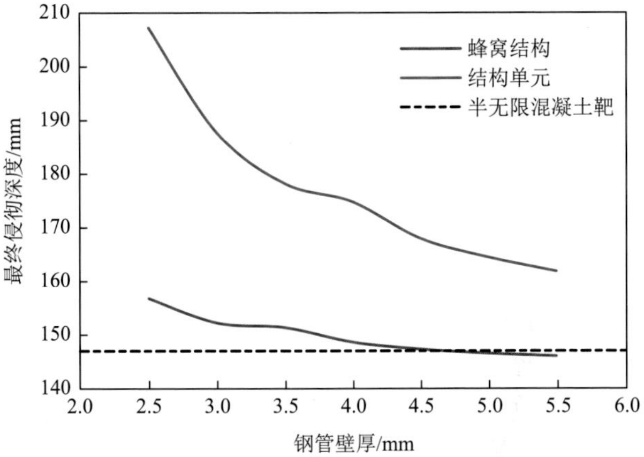

图 6.34　弹芯最终侵彻深度随钢管壁厚的变化曲线（$D_C = 110\text{mm}$）

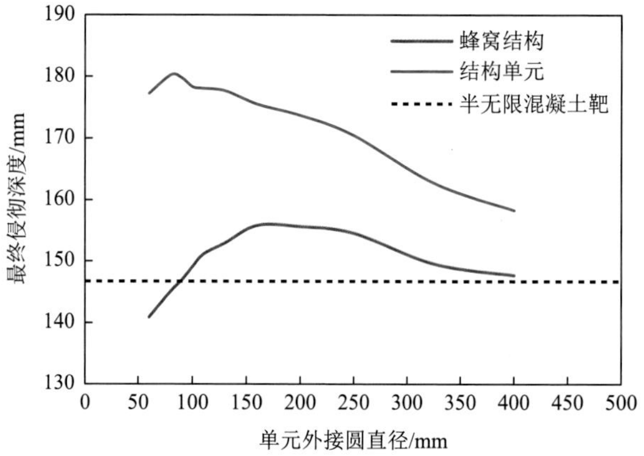

图 6.35　弹芯最终侵彻深度随单元外接圆直径的变化曲线（$\delta = 3.5$mm）

从图 6.34 可以看出，蜂窝结构和结构单元的最终侵彻深度均随钢管壁厚的增加而减小，即钢管约束作用随钢管壁厚的增加而增大；结构单元的最终侵彻深度变化幅度较大，而蜂窝结构由于周边单元附加约束作用，最终侵彻深度随钢管壁厚的变化幅度较小。

从图 6.35 可以看出，蜂窝结构和结构单元的最终侵彻深度随单元外接圆直径的变化趋势基本一致，均随单元外接圆直径的增加先增大后减小，蜂窝结构最终侵彻深度峰值点所对应的单元外接圆直径约为 160mm，而结构单元最终侵彻深度峰值点所对应的单元外接圆直径约为 80mm。

为了直观地表述钢管约束作用、周边单元附加约束作用和混凝土自约束作用的效率，通过结构单元侵彻深度 X_{single} 和蜂窝结构侵彻深度 X_{cell} 定义侵彻深度降低系数 D（式（6.14）），并定义 D_1 为中心单元钢管约束作用引起的侵彻深度降低系数，D_2 为周边单元附加约束作用和混凝土自约束作用共同引起的侵彻深度降低系数。

$$D = \frac{\left| X_{\mathrm{single}} - X_{\mathrm{cell}} \right|}{X_{\mathrm{single}}} \times 100\% \tag{6.14}$$

图 6.36 给出了侵彻深度降低系数 D_1 随钢管壁厚的变化曲线。由图可见，侵彻深度降低系数 D_1 随钢管壁厚的增加逐渐降低，表明在蜂窝结构中，随着钢管壁厚的增加，钢管的约束效率逐渐下降，其原因是周边单元限制了中心单元钢管约束作用的充分发挥，且钢管壁厚越大，限制幅度越大。

图 6.37 为侵彻深度降低系数 D_2 随单元外接圆直径的变化曲线。由图可见，侵彻深度降低系数 D_2 随单元外接圆直径的增加而减小，表明在蜂窝结构中，随着单元外接圆直径的增加，周边单元附加约束和混凝土自约束的共同作用效率逐渐

下降；当单元外接圆直径小于 160mm 时，共同作用效率的下降幅度较大；当单元外接圆直径大于 160mm 时，共同作用效率的下降幅度较小。由图 6.33 可知，混凝土自约束作用随单元外接圆直径的增加而增大。结合图 6.33 和图 6.37 可知，周边单元附加约束作用的效率随单元外接圆直径的增加而减小。

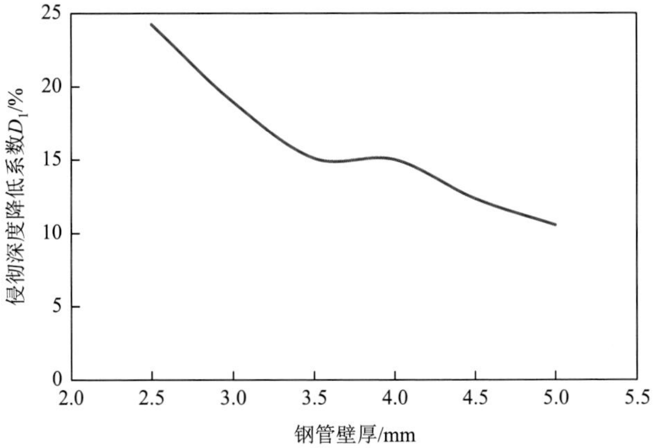

图 6.36　侵彻深度降低系数 D_1 随钢管壁厚的变化曲线

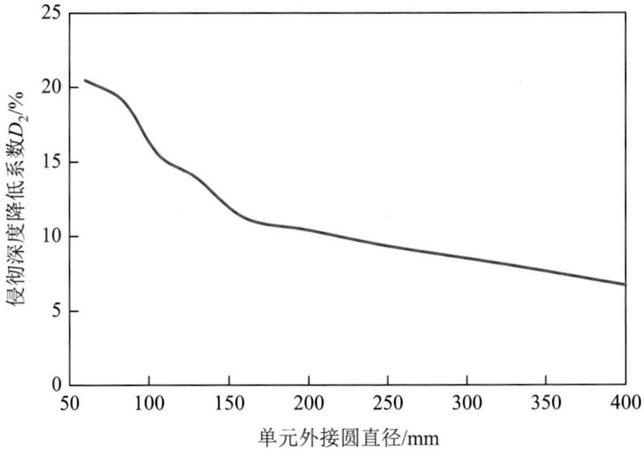

图 6.37　侵彻深度降低系数 D_2 随单元外接圆直径的变化曲线

综合图 6.33、图 6.35 和图 6.37 可知，当单元外接圆直径小于 100mm 时，随着单元外接圆直径的减小，弹芯侵彻深度降低，侵彻阻力增大；由于混凝土自约束作用降低，中心单元钢管约束作用变化较小，周边单元附加约束作用增加，可知周边单元附加约束作用的增加幅度大于混凝土自约束作用的降低幅度。当单元外接圆直径介于 100～160mm 时，随着单元外接圆直径的增大，弹芯侵彻深度增加，侵彻阻力减小；由于混凝土自约束作用有小幅增长（图 6.33），中心单元钢管约束作用的变化较小，周边单元附加约束作用下降，可知周边单元附加约束作用的下降幅度大于混凝土自约束作用的增长幅度。当单元外接圆直径大于 160mm 时，随着单元外接圆直径的增大，侵彻深度不断减小，侵彻阻力增大；由于中心单元钢管约束作用的变化较小，混凝土自约束作用提高，周边单元附加约束作用下降，可知周边单元附加约束作用的下降幅度小于混凝土自约束作用的增长幅度。

综合以上分析可知，在钢管壁厚不变的情况下，单元外接圆直径越小，周边单元的附加约束作用越明显；单元外接圆直径越大，混凝土的自约束作用越明显。需指出，对于大体积的蜂窝钢管约束混凝土防弹结构，单元外接圆直径对周边单元的附加约束作用影响不大。

第 7 章　蜂窝钢管约束混凝土的有限柱形空腔膨胀理论与侵彻深度工程模型

针对钢管约束混凝土结构单元，Meng 等[145]采用 M-G 准则和受径向弹性约束有限尺寸混凝土介质模型，建立了动态球形空腔膨胀理论和相应的刚性弹侵彻深度工程模型，但没有考虑蜂窝结构周边单元对被侵彻单元的约束作用，不适用于约束刚度很大的蜂窝钢管约束混凝土。本章基于蜂窝钢管约束混凝土的受力状态，采用 Hoek-Brown 准则描述粉碎区的强度特性，建立径向弹性约束混凝土的动态柱形空腔膨胀模型和相应的蜂窝钢管约束混凝土靶侵彻深度工程模型。首先，根据文献中混凝土三轴压缩试验数据，验证 Hoek-Brown 准则描述受围压作用下混凝土强度特性的可行性；然后，基于 Winkler 弹性地基中柱壳理论建立蜂窝钢管约束混凝土约束刚度计算模型；接着，考虑约束效应，基于 Hoek-Brown 准则建立径向受弹性约束混凝土的动态有限空腔膨胀模型，给出空腔壁压力的求解方法，并通过数值算例，分析扩孔速度和等效约束刚度等因素对扩孔过程、空腔壁压力和混凝土响应模式的影响；最后，基于动态空腔膨胀模型得到的扩孔压力，建立刚性弹侵彻钢管约束靶侵彻深度预测模型，并与硬芯枪弹侵彻约束混凝土厚靶试验比较，验证模型的适用性。

7.1　Hoek-Brown 准则简介

Hoek 和 Brown[123]研究了含初始微裂纹岩体在围压下的破坏，并基于大量试验数据建立了 Hoek-Brown 准则，其表达式为

$$\frac{\sigma_1}{\sigma_u}=\frac{\sigma_3}{\sigma_u}+\sqrt{m\frac{\sigma_3}{\sigma_u}+1} \tag{7.1}$$

式中，σ_1 和 σ_3 分别为第一和第三主压应力；σ_u 为混凝土的无侧限抗压强度；m 为经验常数。

Zuo 等[125, 126]综合考虑初始微裂纹和围压的影响，对 Griffith 准则进行了修正，得到了修正 Griffith 准则，给出了 Hoek-Brown 准则中经验常数的物理含义，即

$$m=\frac{\mu}{\kappa}\frac{\sigma_u}{\left|\sigma_t\right|} \tag{7.2}$$

式中，σ_t 为材料无侧限抗拉强度，以受压为正；κ 为混合型破坏系数，根据最大能量释放率准则确定，可近似取为 1[125]；μ 为摩擦系数。

改变式（7.1）的形式，可得求解 σ_3 的表达式：

$$\frac{\sigma_3}{\sigma_u}=\frac{\sigma_1}{\sigma_u}+\frac{m}{2}-\sqrt{m\frac{\sigma_1}{\sigma_u}+n} \tag{7.3}$$

式中，$n=m^2/4+1$。

为了便于与普通混凝土空腔膨胀模型中常用的线性 Mohr-Coulomb 准则[107]比较，将 Mohr-Coulomb 准则改写为类似于式（7.3）的形式，即

$$\frac{\sigma_1}{\sigma_u}-\frac{\sigma_3}{\sigma_u}=\frac{\lambda p}{\sigma_u}+\frac{\tau_0}{\sigma_u} \tag{7.4}$$

式中，$p=(\sigma_1+\sigma_2+\sigma_3)/3$，$\tau_0=(3-\lambda)\sigma_u/3$，$\lambda$ 为材料常数。对于三轴压缩试验，取 $\sigma_2=\sigma_3$，则式（7.4）可表示为

$$\frac{\sigma_1}{\sigma_u}=\frac{3+2\lambda}{3-\lambda}\frac{\sigma_3}{\sigma_u}+1 \tag{7.5}$$

比较式（7.3）和式（7.5）可知，Hoek-Brown 准则为非线性形式，包含经验常数 m，而 Mohr-Coulomb 准则为线性形式。

图 7.1 给出了混凝土三轴压缩试验结果[121, 160-163]与 Hoek-Brown 准则的比较。其中，文献[121]、[161]和[163]为高强混凝土，无侧限抗压强度 $\sigma_u=60.2\sim123.0\text{MPa}$，压拉强度比 $\sigma_u/|\sigma_t|=12\sim16$，$\sigma_2/\sigma_u=\sigma_3/\sigma_u<0.85$；而文献[160]、[162]分别为普通混凝土和再生骨料混凝土，$\sigma_u=18.0\sim36.2\text{MPa}$，$\sigma_2/\sigma_u(=\sigma_3/\sigma_u)$ 最大值约为 1.0，但未给出抗拉强度 σ_t 的大小。由图 7.1 可知：

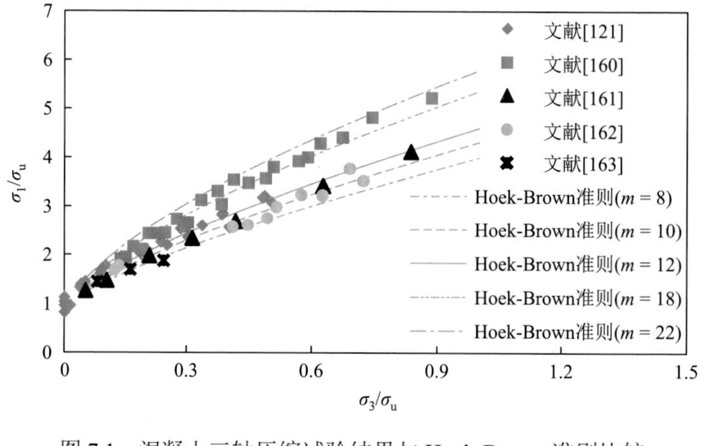

图 7.1　混凝土三轴压缩试验结果与 Hoek-Brown 准则比较

（1）总体来说，Hoek-Brown 准则与试验结果吻合较好，绝大部分试验点落在 $m=8$ 和 $m=22$ 两条曲线之间，即 Hoek-Brown 准则能较好地描述混凝土在围压作用下的力学性能。

（2）Hoek-Brown 准则中参数 m 的合理取值与无侧限抗压强度有关：混凝土强度较高的试验点偏向于 m 值较小的曲线，而混凝土强度较低的试验点偏向于 m 值较大的曲线，文献[121]、[161]和[163]中的高强混凝土可取 $m\approx8\sim12$，文献[160]中的普通混凝土可取 $m\approx18$。

（3）骨料的性能也影响参数 m 的取值，普通混凝土试验点偏向于 m 值较大的曲线，再生骨料混凝土试验点偏向于 m 值较小的曲线，文献[162]中的再生骨料混凝土可取 $m\approx10$。

需指出，混凝土配合比和骨料的力学性能及尺寸对混凝土的力学性能有较显著的影响，因此除混凝土抗压强度、骨料性能外，围压大小和混凝土材料组分及配合比也可能对 m 值有影响。围压越大，m 值可能越大[164]；对于相同强度等级的混凝土，高性能混凝土所对应的 m 值可能较小[78]。

7.2　有限柱形空腔膨胀模型

有限空腔膨胀是指球形或柱形空腔在有限尺寸介质中的膨胀过程[148]，与无限空腔膨胀模型不同的是，有限空腔膨胀模型的空腔壁压力和响应模式在空腔膨胀过程中发生变化，而且必须考虑边界效应。

7.2.1　基本假定与约束刚度

根据侵彻试验和数值模拟，硬芯枪弹侵彻蜂窝钢管约束混凝土的深度（X）为漏斗坑深度（H_1）和隧道侵彻深度（H_2）之和，混凝土的损伤区域被限制在被打击单元内。忽略弹着点偏心和弹道偏转的影响，侵彻深度可简化为如图 7.2 所示模型计算，即

$$X=H_1+H_2 \tag{7.6}$$

式中，$H_1=kd$，d 为弹丸直径，k 为经验常数。根据试验结果，当着靶速度为 600m/s、700m/s 和 800m/s 时，对于蜂窝钢管约束混凝土（WS 系列和 WT 系列）k 可分别取 1.5、2 和 3；对于钢管约束混凝土结构单元（C 系列、S 系列和 T 系列）k 可分别取 2、3 和 4。

为了简化隧道侵彻深度（H_2）的求解，做以下基本假定：

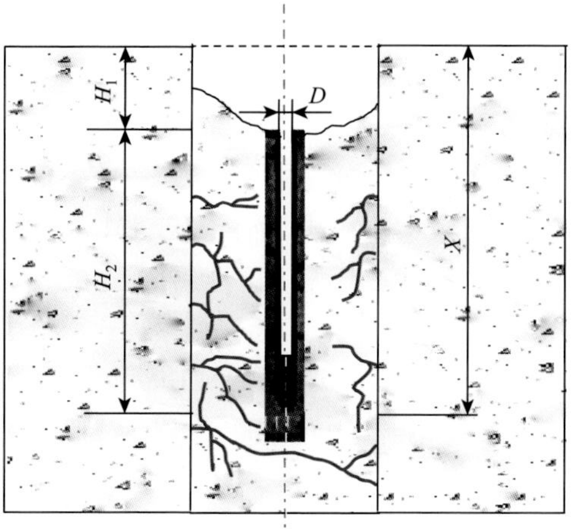

图 7.2　钢管约束混凝土靶侵彻示意图

（1）为了简化求解，忽略混凝土材料的可压缩性，不考虑靶体边界处压缩波的反射，即假设混凝土为不可压缩材料，取泊松比为 0.5。忽略材料的可压缩性、应变软化可能会高估空腔膨胀压力，而忽略剪胀、应变率效应、应变硬化可能会低估空腔膨胀压力，同时忽略可压缩性、应变软化、剪胀、应变率效应和应变硬化等可以部分抵消相互之间的影响，因此对于中低速的着靶速度是合理的[115, 152, 154]。

（2）对于蜂窝钢管约束混凝土，根据侵彻试验和数值模拟，可将被打击单元外围混凝土的约束作用简化为弹性支撑，如图 7.3 所示，其中 K_1 反映被打击单元周边单元的弹性约束作用；根据等含钢率和等钢管壁厚的原则，将多边形钢管简化为相同壁厚的圆形钢管，即为多边形钢管的内切圆，如图 7.3 中的虚线所示。

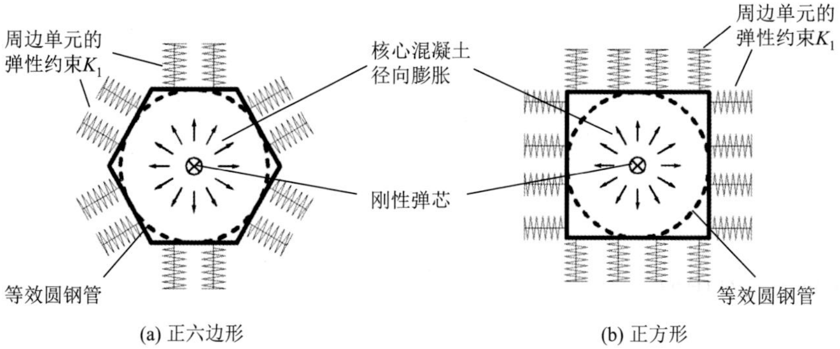

图 7.3　蜂窝钢管约束混凝土简化模型

（3）基于蜂窝钢管约束混凝土结构核心单元混凝土在扩孔过程中的力学特性，

粉碎区混凝土处于三向受压状态，且围压较大，其力学特性采用 Hoek-Brown 准则描述，其表达式如式（7.1）所示。

根据假设（2）和数值模拟，等效圆钢管在隧道侵彻阶段的受力情况可简化为在弹芯头部长度 l 范围内受均布内压 q_n 的弹性介质中的无限长圆柱壳，如图 7.4（a）所示，其中 K_1 为弹性介质反应模量。

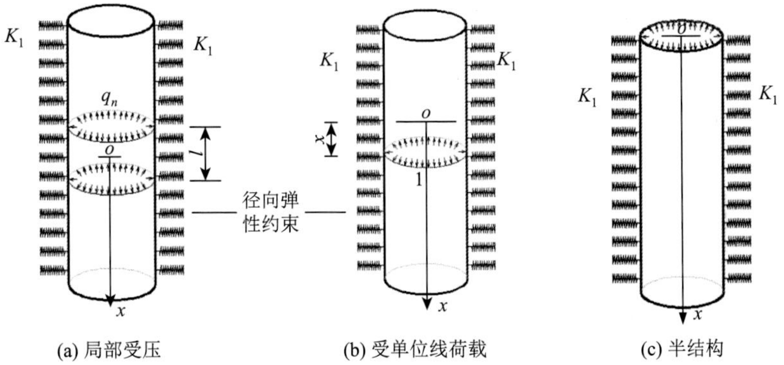

图 7.4　圆柱壳受压示意图

取圆柱壳的中轴线为 x 轴，局部内压长度的中点为原点，如图 7.4（a）所示，在局部荷载 q_n 的作用下，原点处的径向位移 w_0 最大，由对称性和叠加原理可得

$$w_0 = 2\int_0^{l/2} \overline{w}(x)\ \ q_n \mathrm{d}x \tag{7.7}$$

式中，$\overline{w}(x)$ 为 x 处作用单位均布线荷载 $q_n = 1$ 时引起的 $x = 0$ 处的径向位移。

如图 7.4（b）所示，x 处作用单位线均布荷载 $q_n = 1$ 时，可取半结构计算，如图 7.4（c）所示，根据位移互等定律，$\overline{w}(x)$ 等于 $x = 0$ 处作用均布线荷载为 1/2 时引起的 x 处的径向位移。

对于仅受内压作用的无限长圆柱壳轴对称变形问题，控制微分方程为[155]

$$\frac{\mathrm{d}^4 w}{\mathrm{d}x^4} + 4K_2^4 w = \frac{q_n}{D}, \qquad K_2 = \frac{E_\mathrm{s}\delta}{r_\mathrm{e}^2 D}, \qquad D = \frac{E_\mathrm{s}\delta^3}{12\left(1-\nu_\mathrm{s}^2\right)} \tag{7.8}$$

式中，E_s、ν_s、δ 和 r_e 分别为钢管材料弹性模量、泊松比、壁厚和中面半径。

假设钢管外围混凝土的弹性约束作用符合 Winkler 弹性地基，即径向弹性约束反力为 $K_1 w$，则图 7.4 所示的圆柱壳的控制微分方程为

$$\frac{\mathrm{d}^4 w}{\mathrm{d}x^4} + \frac{1}{D}\left(\frac{E_\mathrm{s}\delta}{r_\mathrm{e}^2} + K_1\right) w = \frac{q_n}{D} \tag{7.9}$$

令

$$K_0 = K_1 + K_2, \quad K_2 = \frac{E_s \delta}{r_e^2}, \quad \lambda^4 = \frac{K_0}{4D} \tag{7.10}$$

则式（7.9）可转化为如下标准形式：

$$\frac{d^4 w}{dx^4} + 4\lambda^4 w = \frac{q_n}{D} \tag{7.11}$$

对于图 7.4（c），$q_n = 0$，则微分方程（7.11）的解为

$$\overline{w} = e^{\lambda x}\left[C_1 \cos(\lambda x) + C_2 \sin(\lambda x)\right] + e^{-\lambda x}\left[C_3 \cos(\lambda x) + C_4 \sin(\lambda x)\right] \tag{7.12}$$

式中，$C_i\ (i = 1, 2, 3, 4)$为积分常数。

由边界条件 $\overline{w}(x \to \infty) = 0$ 、$\frac{d\overline{w}}{dx}(x = 0) = 0$ 和 $D\frac{d^3\overline{w}}{dx^3}(x = 0) = \frac{1}{2}$，可得

$$C_1 = C_2 = 0, \quad C_3 = C_4 = \frac{1}{8D\lambda^3} \tag{7.13}$$

将式（7.13）代入式（7.12）可得

$$\overline{w} = \frac{e^{-\lambda x}}{8D\lambda^3}[\cos(\lambda x) + \sin(\lambda x)] \tag{7.14}$$

将式（7.14）代入式（7.7）可得

$$w_0 = \frac{q_n}{4D\lambda^3}\int_0^{l/2} e^{-\lambda\xi}[\cos(\lambda\xi) + \sin(\lambda\xi)]d\xi = \frac{q_n}{4D\lambda^4}\left(1 - e^{-\frac{\lambda l}{2}}\cos\frac{\lambda l}{2}\right) \tag{7.15}$$

令 $w_0 = 1$，$K = q_n$，可得

$$K = \eta K_0, \quad \eta = \left(1 - e^{-\frac{\lambda l}{2}}\cos\frac{\lambda l}{2}\right)^{-1} \tag{7.16}$$

在式（7.16）中，令 $l \to \infty$，则 $\eta \to 1$，即 K_0 为柱壳受均匀内压时钢管和外围混凝土对核心混凝土的弹性约束刚度；K_2 为钢管壁对核心混凝土的约束刚度。

为求 K_1 的表达式，考虑图 7.5 所示的内外受均匀压力的圆柱筒，圆柱筒的内、外半径分别为 r_1 和 r_2，内、外压力分别为 p_1 和 p_2，由弹性力学可知，无限长薄壁圆筒的径向位移为[155]

$$u = \frac{1-\nu}{E}\frac{\left(p_1 r_1^2 - p_2 r_2^2\right)r}{r_2^2 - r_1^2} + \frac{1+\nu}{E}\frac{(p_1 - p_2)r_1^2 r_2^2}{\left(r_2^2 - r_1^2\right)r} \tag{7.17}$$

当 $p_2 = 0$，$r_2 \to \infty$时，式（7.17）转化为

$$u = \frac{1+\nu}{E}\frac{p_1 r_1^2}{r} \tag{7.18}$$

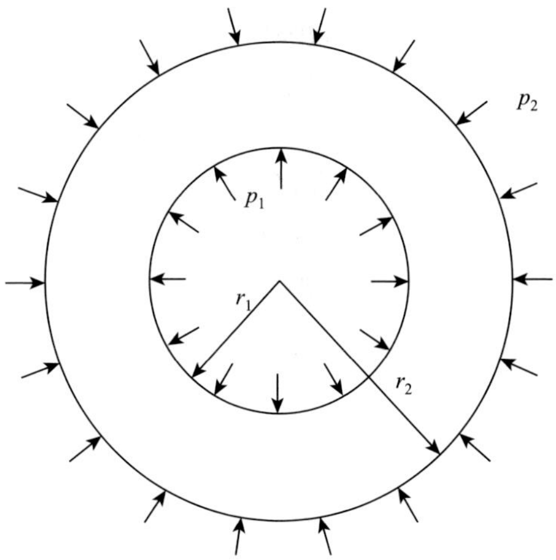

图 7.5　内外受均匀压力的无限长圆筒截面示意图

令 $r=r_1$，$u=1$，可得

$$p_1=\frac{E}{(1+\nu)r_1} \tag{7.19}$$

令 $p_1=K_1$、$r_1=r_0+\delta$，可得

$$K_1=\frac{E}{(1+\nu)(r_0+\delta)} \tag{7.20}$$

式中，r_0 为被打击单元核心混凝土的等效半径。

7.2.2　核心混凝土响应模式与基本方程

在隧道侵彻阶段，可将侵彻过程简化为一系列柱形空腔在受径向约束的有限混凝土介质中的扩孔过程，如图 7.6 所示，其中 r_c 为扩孔半径，r_0 为被打击单元核心混凝土的等效半径，K 为约束刚度，包含钢管和外围混凝土的约束效应。

设半径为 r_0 的柱形混凝土介质内有一同轴柱形空腔以均匀的速度 $\dot{r}_c$ 从初始半径为 0 膨胀到弹性约束失效（塑性变形或断裂），当弹性波尚未到达混凝土外边界时，混凝土的响应与无限介质空腔膨胀相同，为弹性-裂纹-粉碎模式；当弹性波到达外边界时，进入有限空腔膨胀模式。设弹性波刚刚到达混凝土外边界时的初始空腔半径为 r_{c0}，则此时 $r_0=C_e t_1, r_{c0}=\dot{r}_c t_0$，其中 t_0 为弹性波到达混凝土外边界的时间，C_e 为一维平面应变弹性波波速：

$$C_e=\sqrt{\frac{E(1-\nu)}{\rho(1+\nu)(1-2\nu)}} \tag{7.21}$$

式中，E 为材料的弹性模量；ν 为材料的泊松比。

有限空腔膨胀模式初始的空腔半径 r_{c0} 应满足条件：

$$\frac{r_{c0}}{r_0}=\dot{r}_c\sqrt{\frac{\rho(1+\nu)(1-2\nu)}{E(1-\nu)}} \tag{7.22}$$

对于扩孔速度小于某临界值的中低速扩孔，根据约束刚度的大小，有限约束混凝土可能存在两种响应过程：当约束刚度较小时，径向弹性约束不能限制裂纹的发展，核心混凝土将依次经历弹性-裂纹-粉碎、裂纹-粉碎和完全粉碎三个响应阶段；当约束刚度较大时，径向约束限制裂纹的发展，核心混凝土将依次经历弹性-裂纹-粉碎、弹性-粉碎和完全粉碎三个响应阶段，如图 7.7 所示。对于高速扩孔，即扩孔速度大于某临界值，粉碎区的扩展速度将超过裂纹区，即整个扩孔过程不存在裂纹区，核心混凝土将依次经历弹性-粉碎和完全粉碎两个响应阶段。

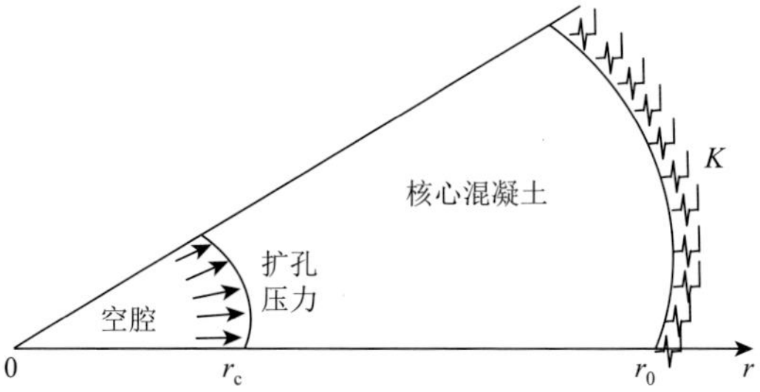

图 7.6　有限空腔膨胀模型

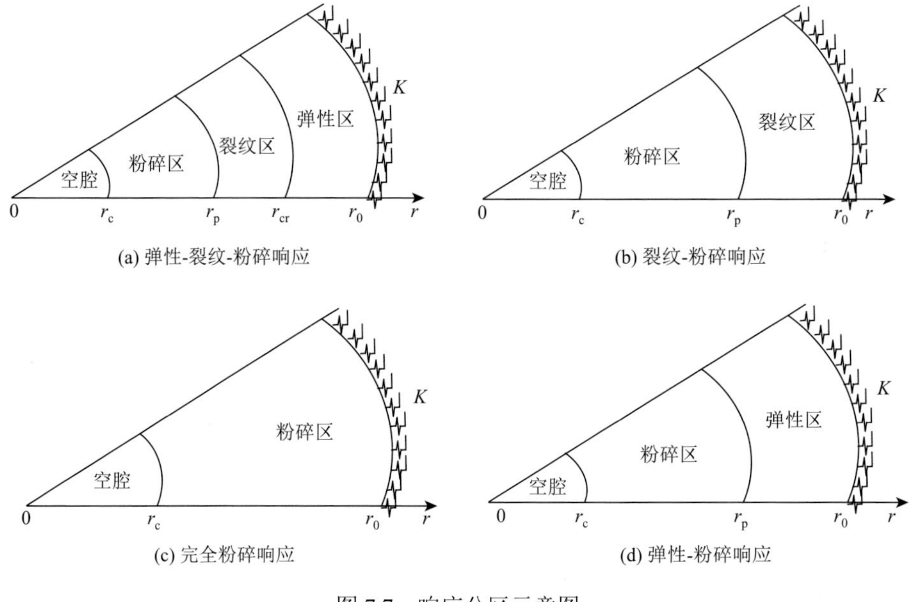

图 7.7　响应分区示意图

弹性-裂纹-粉碎响应阶段如图 7.7（a）所示，其中 r_{cr} 为弹性区与裂纹区的界面半径，r_p 为裂纹区和粉碎区的界面半径。随着空腔半径增大，r_{cr}、r_p 不断增大，弹性区和裂纹区将依次消失。对于较弱的弹性约束，当弹性区消失时，弹性-裂纹-粉碎响应阶段结束，此时空腔半径记为 r_{c1}；裂纹-粉碎响应阶段，$r_{cr}=r_0$，如图 7.7（b）所示，当粉碎区扩展到混凝土外边界时，裂纹区消失，裂纹-粉碎响应阶段结束，此时空腔半径记为 r_{c2}；完全粉碎阶段，$r_p=r_0$，如图 7.7（c）所示，直到弹性约束失效，完全粉碎阶段结束。对于较强的弹性约束，由于环向压力（围压）限制了裂纹的发展，裂纹区将先于弹性区消失，当裂纹区消失时，弹性-裂纹-粉碎响应阶段结束，此时空腔半径记为 r_{c3}；弹性-粉碎响应阶段，$r_{cr}=r_p<r_0$，如图 7.7（d）所示，当弹性区扩展到混凝土外边界时，弹性区消失，弹性-粉碎响应阶段结束，此时空腔半径记为 r_{c4}；完全粉碎阶段，$r_p=r_0$，直到弹性约束失效，完全粉碎阶段结束。

对于柱形空腔膨胀问题，动量和质量守恒方程分别为

$$\frac{\partial\sigma_r}{\partial r}+\frac{\sigma_r-\sigma_\theta}{r}=-\rho\left(\frac{\partial v}{\partial t}+v\frac{\partial v}{\partial r}\right) \tag{7.23}$$

$$\rho\left(\frac{\partial v}{\partial r}+\frac{v}{r}\right)=-\left(\frac{\partial\rho}{\partial t}+v\frac{\partial\rho}{\partial r}\right) \tag{7.24}$$

式中，σ_r 和 σ_θ 分别为径向应力和环向应力，受压为正；v 为混凝土介质中任一点的径向速度，向外为正；ρ 为混凝土的密度。

忽略材料密度变化，质量守恒方程（7.24）转化为

$$(r-u)\mathrm{d}(r-u)=r\mathrm{d}r \tag{7.25}$$

式中，u 为介质中任意一点的位移，向外为正。

在空腔壁处，有边界条件：

$$u(r=r_\mathrm{c})=r_\mathrm{c} \tag{7.26}$$

积分式（7.25），考虑边界条件（7.26），可得位移场：

$$(r-u)^2=r^2-r_\mathrm{c}^2 \tag{7.27}$$

将式（7.27）对时间求导，可得质点速度场：

$$v=\frac{\mathrm{d}u}{\mathrm{d}t}=\left(\frac{r_\mathrm{c}}{r}\right)\dot{r}_\mathrm{c} \tag{7.28}$$

将式（7.28）代入动量守恒方程（7.23）可得

$$\frac{\mathrm{d}\sigma_r}{\mathrm{d}r}+\frac{\sigma_r-\sigma_\theta}{r}=-\rho\dot{r}_\mathrm{c}^2\left(\frac{1}{r}-\frac{r_\mathrm{c}^2}{r^3}\right) \tag{7.29}$$

式（7.29）适用于各响应区，结合胡克定律或强度条件、边界条件和各区分界面上的连续条件，可求各响应区的应力场。

根据假设（1），不考虑混凝土的压缩性，即不考虑密度变化的影响，在各区分界面上，径向位移连续、径向应力和质点径向速度连续，即满足

$$u_2 = u_1, \quad v_2 = v_1, \quad \sigma_{r2} = \sigma_{r1} \tag{7.30}$$

式中，下标 1 和 2 分别表示界面前和界面后。

在核心混凝土外边界面上，有边界条件：

$$\sigma_r(r = r_0) = Ku_0, \quad u_0 = u(r = r_0) = r_0\left[1 - \left(1 - \frac{r_\mathrm{c}^2}{r_0^2}\right)^{0.5}\right] \tag{7.31}$$

在弹性区和裂纹区的界面处，环向应力等于材料的单轴抗拉强度[107]，即

$$\sigma_\theta(r = r_\mathrm{cr}) = -|\sigma_\mathrm{t}| \tag{7.32}$$

在裂纹区和粉碎区的交界面处，径向应力等于材料的单轴抗压强度[107]，即

$$\sigma_r(r = r_\mathrm{p}) = \sigma_\mathrm{u} \tag{7.33}$$

7.3 有限柱形动态空腔膨胀响应

无限介质空腔膨胀具有自相似性，空腔壁压力在匀速膨胀过程中为常数[154]；而有限空腔膨胀过程由于边界效应的影响，空腔壁压力和响应模式在膨胀过程中不断变化[148, 165]。当 $r_\mathrm{c} \leqslant r_\mathrm{c1}$ 时，为无限介质空腔膨胀，可利用相似变换方法求解，也可由有限空腔膨胀过程的起始点（$r_\mathrm{c} = r_\mathrm{c1}$）确定。因此，本节仅给出有限空腔膨胀模型的推导。根据约束效应分为中低约束和高约束两种情况，分别求解相应的动态柱形空腔膨胀响应。

7.3.1 中低约束有限柱腔模型

当约束较低时，混凝土介质在扩孔过程中将依次经历弹性-裂纹-粉碎、裂纹-粉碎和完全粉碎三个响应阶段。

1）弹性-裂纹-粉碎响应（$r_\mathrm{c0} \leqslant r_\mathrm{c} \leqslant r_\mathrm{c1}$）

弹性区（$r_\mathrm{cr} \leqslant r \leqslant r_0$），$r_\mathrm{c} \ll r$，几何关系为

$$\varepsilon_r = -\frac{\partial u}{\partial r}, \quad \varepsilon_\theta = \frac{u}{r} \tag{7.34}$$

将位移方程（7.27）代入几何关系（7.34），可得

$$\varepsilon_r - \varepsilon_\theta = -\left(\frac{\partial u}{\partial r} + \frac{u}{r}\right) = \left(\frac{r_\mathrm{c}}{r}\right)^2 \frac{1}{\left(1 + \dfrac{r_\mathrm{c}^2}{r^2}\right)^{\frac{1}{2}}} \tag{7.35}$$

忽略高阶微量项，结合广义胡克定律，可得

$$\sigma_r - \sigma_\theta = \frac{2E}{3}\left(\frac{r_c}{r}\right)^2 \tag{7.36}$$

将式（7.36）代入式（7.29）可得

$$\frac{d\sigma_r}{dr} = -\frac{2Er_c^{\ 2}}{3r^3} - \rho\dot{r}_c^{\ 2}\left(\frac{1}{r} - \frac{r_c^{\ 2}}{r^3}\right) \tag{7.37}$$

积分式（7.37），可得弹性区的径向应力表达式：

$$\sigma_r = \frac{Er_c^{\ 2}}{3r^2} - \rho\dot{r}_c^{\ 2}\left(\ln r + \frac{1}{2}\frac{r_c^{\ 2}}{r^2}\right) + C_1 \tag{7.38}$$

式中，C_1 为积分常数。

将边界条件（7.31）代入式（7.38），可得积分常数：

$$C_1 = Kr_0\left[1 - \left(1 - \frac{r_c^{\ 2}}{r_0^{\ 2}}\right)^{\frac{1}{2}}\right] - \frac{Er_c^{\ 2}}{3r_0^{\ 2}} + \rho\dot{r}_c^{\ 2}\left(\ln r_0 + \frac{r_c^{\ 2}}{r_0^{\ 2}}\right) \tag{7.39}$$

联立式（7.38）和式（7.39），可得弹性区的径向应力：

$$\sigma_r = \frac{E}{3}\left(\frac{r_c^{\ 2}}{r^2} - \frac{r_c^{\ 2}}{r_0^{\ 2}}\right) - \rho\dot{r}_c^{\ 2}\left(\ln\frac{r}{r_0} + \frac{1}{2}\frac{r_c^{\ 2}}{r^2} - \frac{1}{2}\frac{r_c^{\ 2}}{r_0^{\ 2}}\right) + Kr_0\left[1 - \left(1 - \frac{r_c^{\ 2}}{r_0^{\ 2}}\right)^{\frac{1}{2}}\right] \tag{7.40}$$

将式（7.40）代入式（7.36），可得环向应力：

$$\sigma_\theta = Kr_0\left[1 - \left(1 - \frac{r_c^{\ 2}}{r_0^{\ 2}}\right)^{\frac{1}{2}}\right] - \frac{E}{3}\left(\frac{r_c^{\ 2}}{r^2} + \frac{r_c^{\ 2}}{r_0^{\ 2}}\right) - \rho\dot{r}_c^{\ 2}\left(\ln\frac{r}{r_0} + \frac{1}{2}\frac{r_c^{\ 2}}{r^2} - \frac{1}{2}\frac{r_c^{\ 2}}{r_0^{\ 2}}\right) \tag{7.41}$$

在裂纹区与弹性区界面上，$r = r_{cr}$，式（7.32）成立，代入式（7.36）可得

$$\sigma_r + |\sigma_t| = \frac{2E}{3}\left(\frac{r_c}{r_{cr}}\right)^2 \tag{7.42}$$

将式（7.42）代入式（7.40）可得 r_c/r_{cr} 与 r_c/r_0 的关系：

$$\frac{E}{3}\left(\frac{r_c^{\ 2}}{r_{cr}^2} + \frac{r_c^{\ 2}}{r_0^{\ 2}}\right) + \rho\dot{r}_c^{\ 2}\left(\ln\frac{r_{cr}}{r_0} + \frac{1}{2}\frac{r_c^{\ 2}}{r_{cr}^2} - \frac{1}{2}\frac{r_c^{\ 2}}{r_0^{\ 2}}\right) = Kr_0\left[1 - \left(1 - \frac{r_c^{\ 2}}{r_0^{\ 2}}\right)^{\frac{1}{2}}\right] + |\sigma_t| \tag{7.43}$$

式（7.43）表明，r_{cr} 与扩孔速度 $\dot{r}_c$、扩孔半径 r_c、靶的核心混凝土半径 r_0、约束刚度 K 和混凝土力学性能等因素有关。

裂纹区（$r_p \leqslant r < r_{cr}$），环向应力为零，则式（7.29）转化为

$$\frac{d\sigma_r}{dr} + \frac{\sigma_r}{r} = -\rho\dot{r}_c^{\ 2}\left(\frac{1}{r} - \frac{r_c^{\ 2}}{r^3}\right) \tag{7.44}$$

等式两边同乘积分因子 r，并做适当变换，可得

$$\frac{\mathrm{d}(r\sigma_r)}{\mathrm{d}r} = -\rho\dot{r}_c^2\left(1-\frac{r_c^2}{r^2}\right) \tag{7.45}$$

等式两边同时积分可得

$$r\sigma_r = -\rho\dot{r}_c^2\left(r+\frac{r_c^2}{r}\right)+C_2 \tag{7.46}$$

式中，C_2 为积分常数。

裂纹区的径向应力表达式为

$$\sigma_r = \frac{C_2}{r} - \rho\dot{r}_c^2\left(1+\frac{r_c^2}{r^2}\right) \tag{7.47}$$

在弹性区和裂纹区界面上，$r = r_{cr}$，式（7.32）仍成立，则积分常数为

$$C_2 = r_{cr}\left[\frac{2E}{3}\left(\frac{r_c}{r_{cr}}\right)^2 - |\sigma_t| + \rho\dot{r}_c^2\left(1+\frac{r_c^2}{r_{cr}^2}\right)\right] \tag{7.48}$$

在裂纹区和粉碎区界面上，$r = r_p$，式（7.33）成立，即 $\sigma_r = \sigma_u$，则积分常数还可表示为

$$C_2 = r_p\left[\sigma_u + \rho\dot{r}_c^2\left(1+\frac{r_c^2}{r_p^2}\right)\right] \tag{7.49}$$

联立式（7.48）和式（7.49），可得半径 r_p 与 r_{cr} 的关系：

$$r_{cr}\left[\frac{2E}{3}\left(\frac{r_c}{r_{cr}}\right)^2 - |\sigma_t| + \rho\dot{r}_c^2\left(1+\frac{r_c^2}{r_{cr}^2}\right)\right] = r_p\left[\sigma_u + \rho\dot{r}_c^2\left(1+\frac{r_c^2}{r_p^2}\right)\right] \tag{7.50}$$

结合式（7.43）可得 r_p 与 r_0 的关系。

将式（7.49）代入式（7.47），可得裂纹区的径向应力：

$$\sigma_r = \frac{r_p}{r}\left[\sigma_u + \rho\dot{r}_c^2\left(1+2\frac{r_c^2}{r_p^2}\right)\right] - \rho\dot{r}_c^2\left(1+2\frac{r_c^2}{r^2}\right) \tag{7.51}$$

粉碎区（$r_c \leqslant r < r_p$），采用 Hoek-Brown 准则描述混凝土的强度特性，在式（7.3）中取 $\sigma_1 = \sigma_r$、$\sigma_3 = \sigma_\theta$，代入式（7.29）可得

$$\frac{\mathrm{d}\sigma_r}{\mathrm{d}r} + \frac{\sigma_u\left(\sqrt{m\dfrac{\sigma_r}{\sigma_u}+n} - \dfrac{m}{2}\right)}{r} = -\rho\dot{r}_c^2\left(\frac{1}{r} - \frac{r_c^2}{r^3}\right) \tag{7.52}$$

式（7.52）为非线性常微分方程，难以求得其解析解，但可结合式（7.33），采用龙格-库塔法求其数值解，求解流程参见后面图7.8。

当得到径向应力后，利用式（7.3）可得粉碎区的环向应力：

$$\sigma_\theta = \sigma_r + \frac{m}{2}\sigma_{\mathrm{u}} - \sigma_{\mathrm{u}}\sqrt{m\frac{\sigma_r}{\sigma_{\mathrm{u}}} + n} \tag{7.53}$$

当 $r_{\mathrm{c}} = r_{\mathrm{c1}}$ 时，弹性-裂纹-粉碎响应模式结束，此时 $r_{\mathrm{cr}} = r_0$，由式（7.43）可得

$$\frac{2Er_{\mathrm{c1}}^2}{3r_0^{\ 2}} = Kr_0\left[1-\left(1-\frac{r_{\mathrm{c1}}^{\ 2}}{r_0^{\ 2}}\right)^{\frac{1}{2}}\right] + |\sigma_{\mathrm{t}}| \tag{7.54}$$

式（7.54）表明，r_{c1} 仅与靶的参数有关，而与扩孔速度无关。

2）裂纹-粉碎响应（$r_{\mathrm{c1}} < r_{\mathrm{c}} \leqslant r_{\mathrm{c2}}$）

裂纹区（$r_{\mathrm{p}} \leqslant r \leqslant r_0$），$r_{\mathrm{cr}} = r_0$，在混凝土外边界上仍满足应力边界条件（7.31），应力仍满足式（7.47）。

联立式（7.31）和式（7.47），可得积分常数：

$$C_2 = Kr_0\left[1-\left(1-\frac{r_{\mathrm{c}}^{\ 2}}{r_0^{\ 2}}\right)^{\frac{1}{2}}\right]r_0 + \rho\dot{r}_{\mathrm{c}}^{\ 2}\left(1+\frac{r_{\mathrm{c}}^{\ 2}}{r_0^{\ 2}}\right)r_0 \tag{7.55}$$

将式（7.55）代入式（7.47），可得径向应力：

$$\sigma_r = \frac{r_0}{r}\left\{Kr_0\left[1-\left(1-\frac{r_{\mathrm{c}}^{\ 2}}{r_0^{\ 2}}\right)^{\frac{1}{2}}\right] + \rho\dot{r}_{\mathrm{c}}^{\ 2}\left(1+\frac{r_{\mathrm{c}}^{\ 2}}{r_0^{\ 2}}\right)\right\} - \rho\dot{r}_{\mathrm{c}}^{\ 2}\left(1+\frac{r_{\mathrm{c}}^{\ 2}}{r^2}\right) \tag{7.56}$$

在裂纹区与粉碎区界面上，式（7.33）仍成立。联立式（7.33）和式（7.56）可得求解 r_{p} 的方程：

$$\frac{r_{\mathrm{p}}}{r_0}\left[\sigma_{\mathrm{u}} + \rho\dot{r}_{\mathrm{c}}^{\ 2}\left(1+\frac{r_{\mathrm{c}}^{\ 2}}{r_{\mathrm{p}}^{\ 2}}\right)\right] = Kr_0\left[1-\left(1-\frac{r_{\mathrm{c}}^{\ 2}}{r_0^{\ 2}}\right)^{\frac{1}{2}}\right] + \rho\dot{r}_{\mathrm{c}}^{\ 2}\left(1+\frac{r_{\mathrm{c}}^{\ 2}}{r_0^{\ 2}}\right) \tag{7.57}$$

式（7.57）表明，r_{p} 不仅与靶的参数有关，而且与扩孔速度和扩孔半径有关。

粉碎区（$r_{\mathrm{c}} \leqslant r < r_{\mathrm{p}}$），控制方程仍为式（7.52），边界条件仍为式（7.33），求解过程类似于弹性-裂纹-粉碎响应模式。

裂纹-粉碎响应模式的适用条件为 $r_{\mathrm{c1}} < r_{\mathrm{c}} \leqslant r_{\mathrm{c2}}$，其中 r_{c2} 为粉碎区刚刚发展到混凝土外边界时的扩孔半径。在式（7.57）中，令 $r_{\mathrm{p}} = r_0$，可得

$$\frac{r_{\mathrm{c2}}}{r_0} = \left[1-\left(1-\frac{\sigma_{\mathrm{u}}}{Kr_0}\right)^2\right]^{\frac{1}{2}} \tag{7.58}$$

式（7.58）表明，r_{c2}/r_0 仅与 Kr_0/σ_u 有关。Kr_0/σ_u 不仅与 K 有关，还与 r_0 和 σ_u 有关，可一定程度上表征径向约束程度（包括混凝土自约束作用和中心单元钢管约束作用），该值越大，约束程度越大。

3）完全粉碎响应（$r_c > r_{c2}$）

当 $r_c > r_{c2}$ 时，粉碎区已发展到混凝土外边界，即 $r_p = r_0$，控制方程仍为式(7.52)，但边界条件为式（7.31），可参照弹性-裂纹-粉碎响应的求解方法，得到粉碎区应力和空腔壁压力。

7.3.2 高约束有限柱腔模型

当约束较强时，弹性区受围压作用消失缓慢，将出现裂纹区先于弹性区消失的现象，即当裂纹区消失时，弹性区尚在，即 $r_{cr} = r_p < r_0$，则由弹性-裂纹-粉碎响应阶段进入弹性-粉碎响应阶段。

1）弹性-裂纹-粉碎响应（$r_{c0} \leqslant r_c \leqslant r_{c3}$）

该响应阶段的力学响应与中低约束条件下的弹性-裂纹-粉碎响应阶段相同。当粉碎区扩展到弹性区时，该响应阶段结束，开始进入弹性-粉碎响应阶段，记此时的扩孔半径为 $r_c = r_{c3}$，在式（7.50）中令 $r_{cr} = r_p$，则有

$$\frac{r_c}{r_{cr}} = \frac{r_c}{r_p} = \left[\frac{3\left(\sigma_u + \left|\sigma_t\right|\right)}{2E}\right]^{\frac{1}{2}} > \frac{r_c}{r_0} \tag{7.59}$$

将式（7.59）代入式（7.43）可得临界扩孔半径 r_{c3} 的计算式：

$$\begin{aligned} &\rho \dot{r}_c^2 \left(\ln\frac{r_{c3}}{r_0} - \frac{1}{2}\ln\frac{3\left(\sigma_u + \left|\sigma_t\right|\right)}{2E} + \frac{3\left(\sigma_u + \left|\sigma_t\right|\right)}{4E} - \frac{r_{c3}^2}{2r_0^2} \right) \\ &= Kr_0\left[1 - \left(1 - \frac{r_{c3}^2}{r_0^2}\right)^{\frac{1}{2}}\right] + \left|\sigma_t\right| - \frac{\sigma_u + \left|\sigma_t\right|}{2} - \frac{E}{3}\frac{r_{c3}^2}{r_0^2} \end{aligned} \tag{7.60}$$

式（7.60）表明，r_{c3} 不仅与靶的参数有关，还与扩孔速度有关。

2）弹性-粉碎响应（$r_{c3} < r_c \leqslant r_{c4}$）

在弹性-粉碎响应模式下，弹性区广义胡克定律成立，粉碎区采用 Hoek-Brown 准则描述混凝土力学性能。

弹性区（$r_p \leqslant r \leqslant r_0$），小变形假设和广义胡克定律成立，因此径向应力仍为式（7.40），环向应力仍为式（7.41）。在粉碎区与弹性区的界面（$r = r_p$）上，由式（7.36）可得弹性区一侧的环向应力为

$$\sigma_\theta = \sigma_r - \frac{2E}{3}\left(\frac{r_c}{r_p}\right)^2 \tag{7.61}$$

在粉碎区与弹性区的界面（$r = r_p$）上，粉碎区一侧 Hoek-Brown 准则成立，环向应力与径向应力满足式（7.3）。

根据应力连续条件，联立式（7.3）和式（7.61）可得临界半径 r_p 处的径向应力为

$$\sigma_{r_p} = \frac{\sigma_u}{m}\left[\frac{m}{2} + \frac{2E}{3\sigma_u}\left(\frac{r_c}{r_p}\right)^2\right]^2 \tag{7.62}$$

根据径向应力连续条件，联立式（7.40）和式（7.62）可得临界半径 r_p 的计算表达式。

$$\begin{aligned}&\frac{E}{3}\left(\frac{r_c^2}{r_p^2} - \frac{r_c^2}{r_0^2}\right) - \rho\dot{r}_c^2\left(\ln\frac{r_p}{r_0} + \frac{1}{2}\frac{r_c^2}{r_p^2} - \frac{1}{2}\frac{r_c^2}{r_0^2}\right) + Kr_0\left[1 - \left(1 - \frac{r_c^2}{r_0^2}\right)^{\frac{1}{2}}\right] \\ &= \frac{\sigma_u}{m}\left[\frac{m}{2} + \frac{2E}{3\sigma_u}\left(\frac{r_c}{r_p}\right)^2\right]^2 - n\frac{\sigma_u}{m}\end{aligned} \tag{7.63}$$

粉碎区（$r_c \leqslant r < r_p$），其力学响应求解过程与弹性-裂纹-粉碎响应阶段类似，但边界条件变为式（7.62），即由式（7.63）可解得临界半径 r_p，然后由式（7.62）可得临界半径 r_p 处的径向应力，并将其作为边界条件，可得微分方程（7.52）的数值解。

类似于裂纹-粉碎响应模式，当粉碎区扩展到核心混凝土外边界时，即 $r_p = r_0$，弹性-粉碎响应模式结束，记此时的扩孔半径 $r_c = r_{c4}$。在式（7.63）中，令 $r_p = r_0$，可得临界扩孔半径 r_{c4} 的表达式：

$$\frac{1}{m}\left[\frac{m}{2} + \frac{2E}{3\sigma_u}\left(\frac{r_{c4}}{r_0}\right)^2\right]^2 - \frac{n}{m} = \frac{Kr_0}{\sigma_u}\left[1 - \left(1 - \frac{r_{c4}^2}{r_0^2}\right)^{\frac{1}{2}}\right] \tag{7.64}$$

由式（7.64）可知，临界扩孔半径 r_{c4} 仅与约束刚度和混凝土的力学性能有关。

3）完全粉碎响应（$r_c > r_{c4}$）

该阶段蜂窝钢管约束混凝土的力学响应与中低约束条件相同。

7.3.3　适用条件与求解步骤

当空腔膨胀速度较大时，蜂窝约束混凝土结构的核心混凝土仍将不存在裂纹

区[156]，空腔膨胀过程中的响应模式为弹性-粉碎和完全粉碎，记临界膨胀速度为 $\dot{r}_{c,\lim}$，即有 $r_{cr}=r_p$，将式（7.59）代入式（7.43），可得临界膨胀速度：

$$\dot{r}_{c,\lim}=\left\{\frac{\dfrac{E}{3\sigma_u}\left(\dfrac{r_c}{r_0}\right)^2+\dfrac{\sigma_u-|\sigma_t|}{2\sigma_u}-\dfrac{Kr_0}{\sigma_u}\left[1-\left(1-\dfrac{r_c^2}{r_0^2}\right)^{\frac{1}{2}}\right]}{\dfrac{1}{2}\dfrac{r_c^2}{r_0^2}-\ln\dfrac{r_c}{r_0}+\dfrac{1}{2}\ln\dfrac{3(\sigma_u+|\sigma_t|)}{2E}-\dfrac{3(\sigma_u+|\sigma_t|)}{4E}}\frac{\sigma_u}{\rho}\right\}^{\frac{1}{2}} \tag{7.65}$$

由式（7.65）可知，$\dot{r}_{c,\lim}$ 不仅与混凝土性能参数有关，还与 r_c/r_0 和 Kr_0/σ_u 有关；Kr_0/σ_u 越大，$\dot{r}_{c,\lim}$ 越小；r_c/r_0 越大，$\dot{r}_{c,\lim}$ 越大。

由式（7.54）可知，随着约束刚度的增大，r_{c1}/r_0 增大，即从弹性-裂纹-粉碎响应模式转化为裂纹-粉碎响应模式时的扩孔半径增大；而由式（7.58）可知，随着约束刚度的增大，r_{c2}/r_0 减小，即从裂纹-粉碎响应模式转化为粉碎响应模式时的扩孔半径减小。因此，当约束刚度达到某一极值时，将出现 $r_{c1}=r_{c2}$ 的情况，即裂纹区先于弹性区消失，从而进入高约束响应模式。令 $r_c=r_{c1}=r_{c2}$，则 $r_p=r_{cr}=r_0$，此时裂纹区和弹性区同时消失，混凝土介质从弹性-裂纹-粉碎响应阶段直接进入完全粉碎响应阶段，记此时的临界约束刚度为 $Kr_0=(Kr_0)_{\lim}$，则当约束刚度低于临界约束刚度时，混凝土介质的响应模式为弹性-裂纹-粉碎、裂纹-粉碎和完全粉碎；当约束刚度超过临界约束刚度时，混凝土介质的响应模式为弹性-裂纹-粉碎、弹性-粉碎和完全粉碎。令 $r_{c1}=r_{c2}$，联立式（7.54）和式（7.58），可得求解$(Kr_0)_{\lim}$的方程：

$$\frac{\sigma_u}{(Kr_0)_{\lim}}=1-\left[1-\frac{3(\sigma_u+|\sigma_t|)}{2E}\right]^{\frac{1}{2}} \tag{7.66}$$

式（7.66）表明，$(Kr_0)_{\lim}$ 仅与混凝土的性能参数有关。

基于上述分析，约束混凝土力学响应求解流程如图 7.8 所示。由图可知，对于给定的约束混凝土，靶体参数 ρ、E、σ_u、σ_t、m、K、r_0 已知，首先分别根据式（7.65）和式（7.66）求解临界扩孔速度和临界约束刚度，根据临界扩孔速度和临界约束刚度及靶体参数判断约束混凝土的响应模式；然后根据式（7.54）、式（7.58）、式（7.60）和式（7.64）分别计算 r_{c1}、r_{c2}、r_{c3} 和 r_{c4}，比较 r_c 与 r_{c1}、r_{c2}、r_{c3}、r_{c4} 的大小，判断约束混凝土所处的响应阶段；最后按照图 7.8 所示流程求解裂纹区和粉碎区的半径 r_{cr} 和 r_p 及各区的应力。

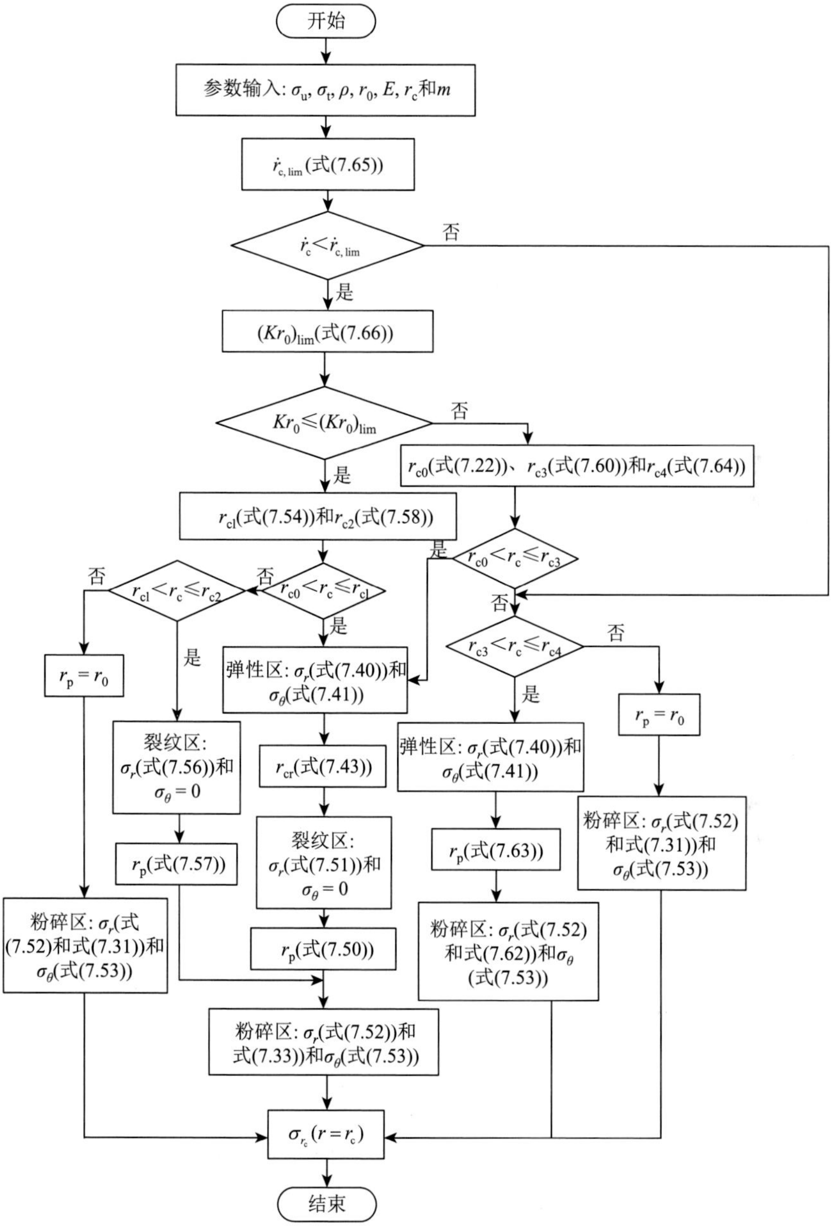

图 7.8　力学响应求解流程

7.3.4　数值算例分析

上述分析表明，影响扩孔压力的主要因素是约束刚度 Kr_0/σ_u、扩孔半径 r_c/r_0、

扩孔速度 $\rho\dot{r}_c^2/\sigma_u$ 及混凝土性能（弹性模量 E/σ_u、抗压强度 σ_u 及抗拉强度 σ_t/σ_u）。现以第 4 章中蜂窝钢管约束混凝土 WT140/4.5 试件为例，详细讨论柱腔的扩孔过程，其参数为：$s_u = 0.81$，$\sigma_{cu} = 59.13\text{MPa}$，$|\sigma_t| = 6.0\text{MPa}$，$\rho = 2385\text{kg/m}^3$，$E = 25791.7\text{MPa}$，$r_0 = 56.1\text{mm}$，$E_s = 198\text{GPa}$，$\nu_s = 0.3$，$\delta = 4.5\text{mm}$，参照文献[152]，同时考虑到蜂窝钢管约束混凝土的约束刚度较大，即围压较大，取 $m = 9$。

由式（7.66）可得临界约束刚度为$(Kr_0/\sigma_u)_{\lim} = 533.5$，因此取 $Kr_0/\sigma_u = 400$ 和 800（代表两种响应过程）为例分析扩孔过程。当 $r_c/r_0 \geqslant 0.01$ 时，由式（7.65）可得临界扩孔速度分别为 87.9m/s 和 85.9m/s，因此取扩孔速度为 50m/s 进行分析。当 $Kr_0/\sigma_u = 400$ 时，$r_{c1}/r_0 = 0.033$、$r_{c2}/r_0 = 0.071$，为弹性-裂纹-粉碎→裂纹-粉碎→完全粉碎响应过程；当 $Kr_0/\sigma_u = 800$ 时，$r_{c3}/r_0 = 0.040$、$r_{c4}/r_0 = 0.110$，为弹性-裂纹-粉碎→弹性-粉碎→完全粉碎响应过程。图 7.9 给出了扩孔压力在空腔膨胀过程中的变化规律。

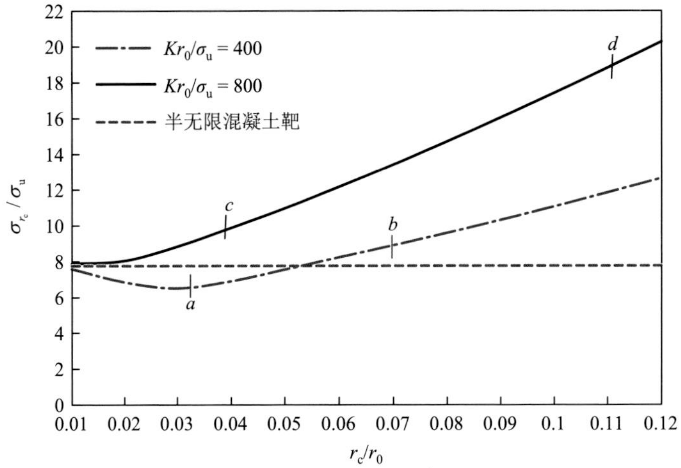

图 7.9　柱腔扩孔过程示意图

在图 7.9 中，a（$r_c/r_0 = r_{c1}/r_0$）、b（$r_c/r_0 = r_{c2}/r_0$）、c（$r_c/r_0 = r_{c3}/r_0$）和 d（$r_c/r_0 = r_{c4}/r_0$）代表响应模式的转折点，a（c）点之前为有限空腔膨胀模型的第一阶段，即弹性-裂纹-粉碎响应；ab（cd）段为有限空腔膨胀模型的第二阶段，即裂纹-粉碎响应，或者弹性-粉碎响应；b（d）点之后为有限空腔膨胀模型的第三阶段，即完全粉碎响应。图中虚线为 $r_c/r_0 = 0.01$ 时的无量纲扩孔压力，可近似视为无约束半无限混凝土靶的无量纲扩孔压力。

由图 7.9 可知，约束刚度对扩孔过程影响显著。在低约束刚度条件下，即弹性-裂纹-粉碎→裂纹-粉碎→完全粉碎响应过程，扩孔压力小于半无限混凝土靶，且存在极小值现象，即扩孔压力在弹性-裂纹-粉碎响应阶段（*a* 点以前）不断减小，进入裂纹-粉碎和完全粉碎响应阶段后（*a* 点以后），扩孔压力随着扩孔半径的增大而不断增大；在高约束刚度条件下，即弹性-裂纹-粉碎→弹性-粉碎→完全粉碎响应过程，扩孔压力在整个扩孔过程中不断增大，但在弹性-裂纹-粉碎响应阶段（*c* 点以前）增幅较小，进入弹性-粉碎和完全粉碎响应阶段后（*c* 点以后），扩孔压力增大幅度提高（弹性约束尚未失效）。当扩孔半径相同时，约束刚度越大，扩孔压力越大，即高约束的扩孔压力曲线始终在低约束扩孔压力曲线上方；扩孔半径越大，约束刚度对扩孔压力的影响越显著，即两条曲线间的距离越大。

图 7.10 和图 7.11 分别给出了扩孔速度为 50m/s 时两种约束刚度条件下（$Kr_0/\sigma_u=400$ 和 800）不同响应阶段的应力分布情况，其中 $r_c/r_0=0.03$、0.06 和 0.12 分别代表弹性-裂纹-粉碎、裂纹-粉碎或弹性-粉碎和完全粉碎响应阶段。由图可知，在两种响应过程中，应力的分布规律基本一致，弹性区和裂纹区的应力较小，且变化平缓，粉碎区的应力较大，变化速度较快；径向应力为压应力，从被打击单元混凝土边缘到空腔壁逐渐增大；随着扩孔半径的增大，径向应力增大；在弹

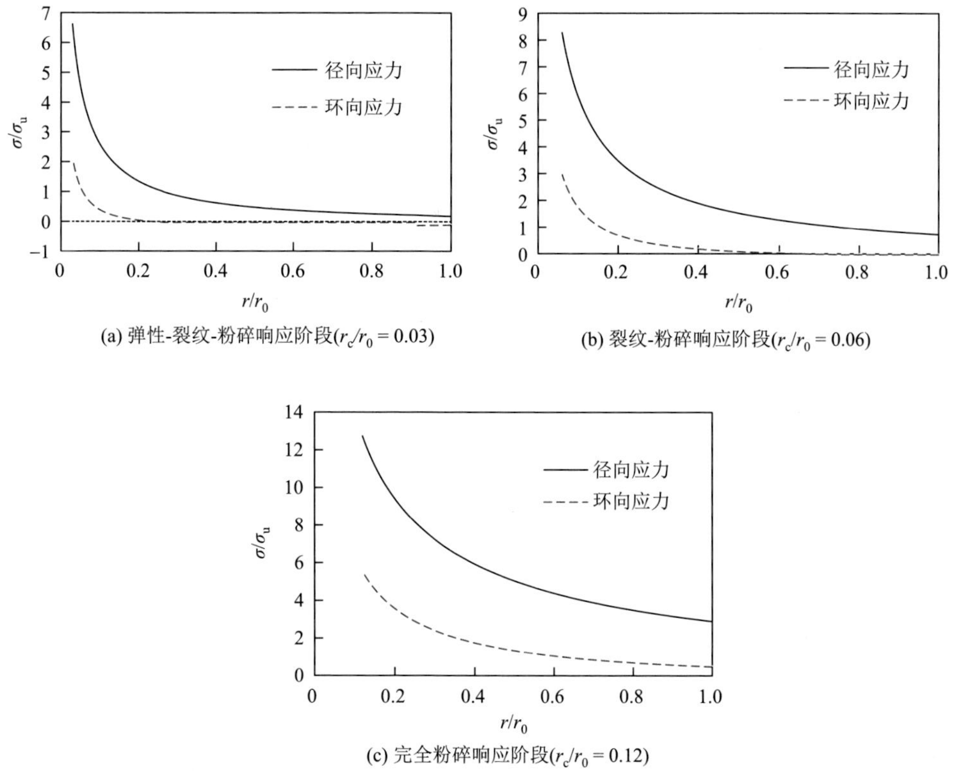

(a) 弹性-裂纹-粉碎响应阶段($r_c/r_0=0.03$)

(b) 裂纹-粉碎响应阶段($r_c/r_0=0.06$)

(c) 完全粉碎响应阶段($r_c/r_0=0.12$)

图 7.10　低约束刚度条件下（$Kr_0/\sigma_u=400$）的应力分布规律

性-裂纹-粉碎阶段，环向应力在弹性区与裂纹区界面处存在间断现象。环向应力在两种响应过程中存在较大差异，对于弹性-裂纹-粉碎→裂纹-粉碎→完全粉碎响应过程，弹性区的环向应力全为拉应力，其大小从混凝土外边界到弹性区内边界由 0 逐渐增大，直到达到混凝土的抗拉强度；而对于弹性-裂纹-粉碎→裂纹-粉碎→完全粉碎响应过程，在弹性-裂纹-粉碎阶段，弹性区的环向应力在混凝土外边界附近为压应力，在弹性区和裂纹区界面附近为拉应力，在弹性-粉碎阶段，环向应力也为压应力，混凝土处于三向受压状态，但是在弹性区与粉碎区界面处出现了极小值。此外，当扩孔半径相同时，约束刚度越大，粉碎区的应力越大。

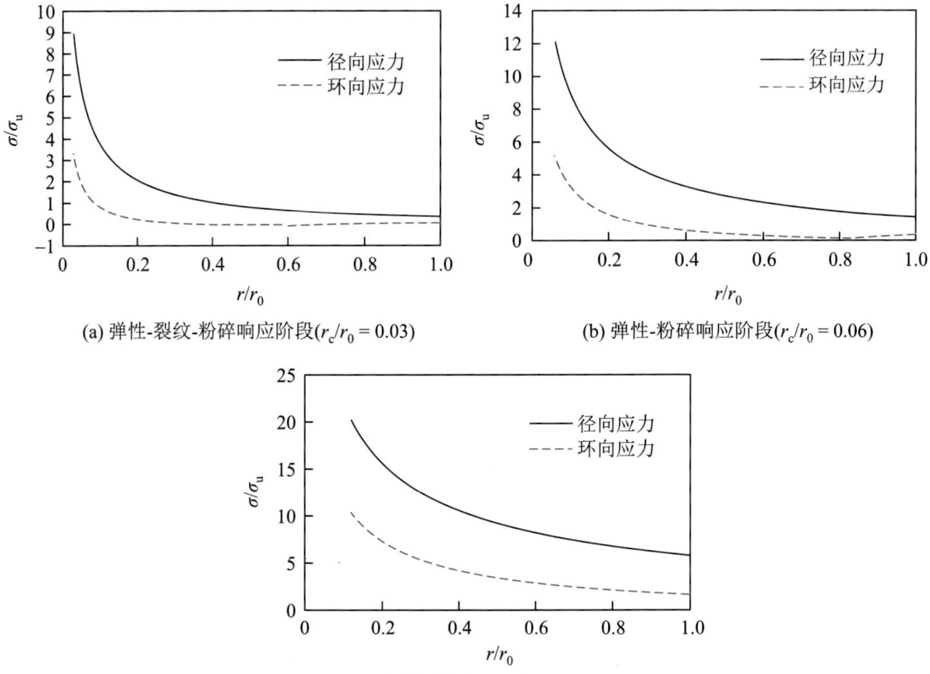

(a) 弹性-裂纹-粉碎响应阶段($r_c/r_0 = 0.03$)

(b) 弹性-粉碎响应阶段($r_c/r_0 = 0.06$)

(c) 完全粉碎响应阶段($r_c/r_0 = 0.12$)

图 7.11　高约束刚度条件下（$Kr_0/\sigma_u = 800$）的应力分布规律

图 7.12 和图 7.13 分别给出了扩孔速度为 50m/s 时 $Kr_0/\sigma_u = 400$ 和 800 的界面半径 r_{cr}/r_0 和 r_p/r_0 在扩孔过程中的变化规律。由图 7.12 可知，当约束刚度小于临界约束刚度时，随着扩孔半径的增大，界面半径 r_{cr}/r_0 和 r_p/r_0 逐渐增大，即粉碎区和裂纹区均向外拓展，r_{cr}/r_0 和 r_p/r_0 依次向 1 靠近，即达到核心混凝土外边界，但是始终保持 $r_{cr}/r_0 \leqslant r_p/r_0$，所对应的响应过程为弹性-裂纹-粉碎→裂纹-粉碎→完全粉碎；$r_{cr}/r_0 < 1$ 时为弹性-裂纹-粉碎响应阶段，$r_{cr}/r_0 = 1$、$r_p/r_0 < 1$ 时为裂纹-粉碎响应阶段，$r_p/r_0 = 1$ 时为完全粉碎响应阶段。而图 7.13 表明，对于较大的约束刚

度，径向约束限制了裂纹的发展，粉碎区向外扩展速度大于裂纹区，裂纹区在扩展到混凝土外边界前逐渐消失，即存在关系为 $r_{cr} = r_p < r_0$，呈现弹性-粉碎响应，所对应的响应过程为弹性-裂纹-粉碎→弹性-粉碎→完全粉碎；当进入弹性-粉碎响应阶段后，粉碎区向外扩展速度显著降低。

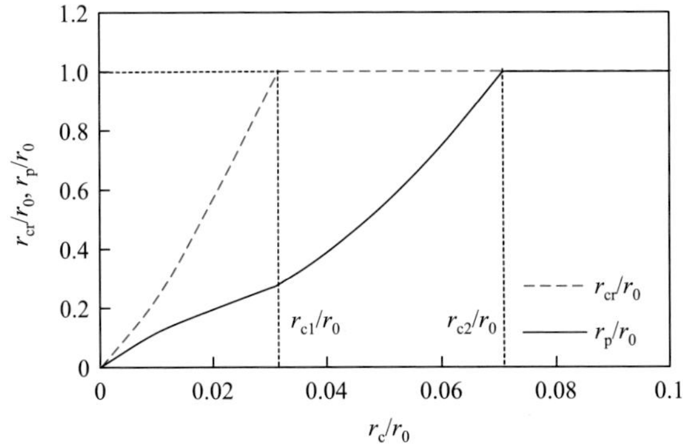

图 7.12　$Kr_0/\sigma_u = 400$ 时界面半径变化规律

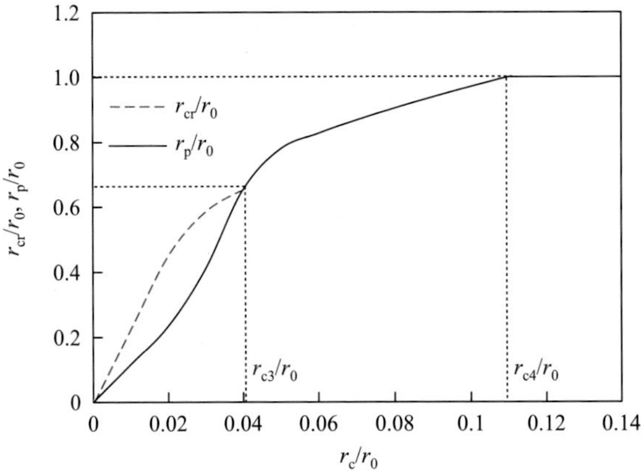

图 7.13　$Kr_0/\sigma_u = 800$ 时界面半径变化规律

图 7.14 和图 7.15 分别给出了 $Kr_0/\sigma_u = 400$ 和 800 时扩孔速度对扩孔压力的影响。由图可知：①当扩孔半径较小时，扩孔速度对扩孔压力有显著影响，扩孔速度较小时（当 $Kr_0/\sigma_u = 400$ 时，扩孔速度小于 10m/s；当 $Kr_0/\sigma_u = 800$ 时，扩孔速度小于 30m/s），随着扩孔半径的增大，扩孔压力逐渐增大；而当扩孔速度较大时，扩孔压力在初期存在下降现象，且随着扩孔速度的增大，下降段的转折点所对应的扩孔半径增大。②对于相同的扩孔半径，扩孔速度越大，扩孔压力

越大，但随着扩孔半径的增大，扩孔速度对扩孔压力的影响逐渐降低；对于弹性-裂纹-粉碎→裂纹-粉碎→完全粉碎响应过程，扩孔速度在完全粉碎响应阶段对扩孔压力的影响较小；而对于弹性-裂纹-粉碎→弹性-粉碎→完全粉碎响应过程，扩孔速度在弹性-粉碎和完全粉碎响应阶段对扩孔压力的影响均较小；其原因是当响应模式进入弹性-粉碎后，扩孔速度对粉碎区外边界半径 r_p 和径向应力 σ_{r_p}（粉碎区外边界处）的影响很小，进入完全粉碎响应模式后，粉碎区外边界半径 r_p 为常值（等于核心混凝土半径 r_0），边界处的径向应力 σ_{r_p} 仅与弹性约束刚度和扩孔半径有关。

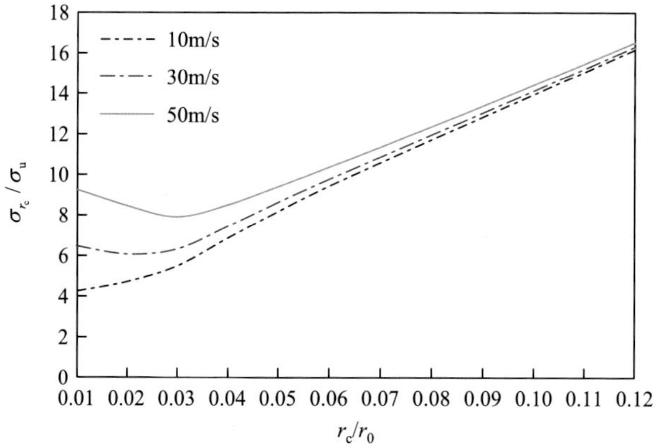

图 7.14 $Kr_0/\sigma_u = 400$ 时扩孔速度对扩孔压力的影响

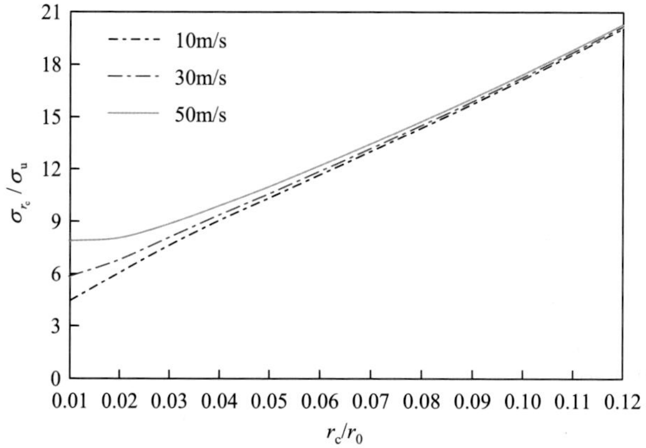

图 7.15 $Kr_0/\sigma_u = 800$ 时扩孔速度对扩孔压力的影响

图 7.16 和图 7.17 分别给出了 $Kr_0/\sigma_u = 400$ 和 800 时扩孔速度在弹性-裂纹-粉碎响应阶段对界面半径 r_{cr}/r_0 和 r_p/r_0 的影响。计算时，取 $r_c/r_0 = 0.03$，由式（7.65）

可得当 $Kr_0/\sigma_u = 400$ 时，最大扩孔速度为 114.6m/s，当 $Kr_0/\sigma_u = 800$ 时，最大扩孔速度为 93.6m/s。

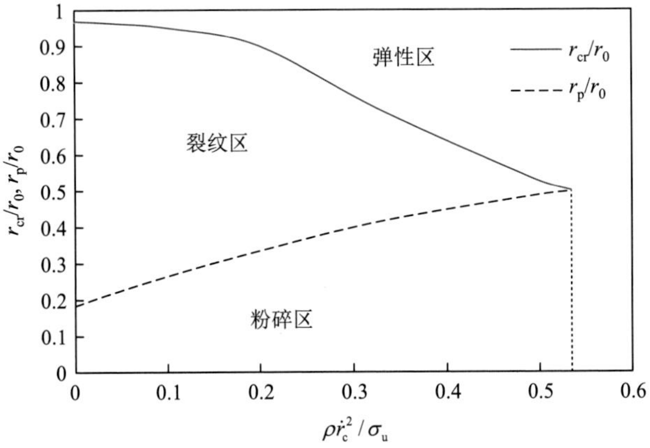

图 7.16　$Kr_0/\sigma_u = 400$ 时扩孔速度对界面半径的影响

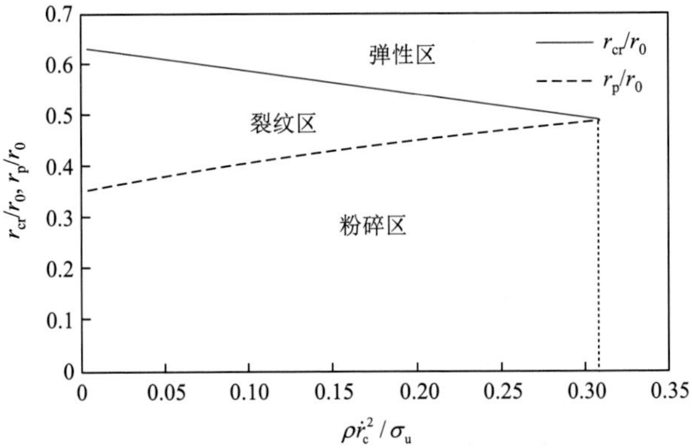

图 7.17　$Kr_0/\sigma_u = 800$ 时扩孔速度对界面半径的影响

由图 7.16 和图 7.17 可知，两界面半径曲线变化趋势基本一致，对于相同的扩孔半径，随着扩孔速度的增大，裂纹区外边界向靶心移动（减小），而粉碎区外边界背向靶心移动（增大），即弹性区和粉碎区扩大，而裂纹区减小，并逐渐消失。当 $Kr_0/\sigma_u = 400$ 时，界面半径曲线在扩孔速度较小（小于 60m/s）时变化缓慢，当扩孔速度较大（大于 70m/s）时变化率增大，尤其是 r_{cr}/r_0 曲线；而当 $Kr_0/\sigma_u = 800$ 时，两条曲线均缓慢变化，直至相交。此外，在低速扩孔（小于 50m/s）条件下，约束刚度对响应区的分布有较显著影响，随着约束刚度的增大，弹性区和粉碎区明显扩大，裂纹区（两条曲线间的距离）明显缩小。

图 7.18 给出了不同约束刚度下扩孔压力的变化情况，计算过程中取扩孔速度为 50m/s，以 $Kr_0/\sigma_u = 200$、400、600、800 和 1000 为例进行分析，其中 $Kr_0/\sigma_u = 200$ 和 400 时，核心单元混凝土的响应过程为弹性-裂纹-粉碎→裂纹-粉碎→完全粉碎，而 $Kr_0/\sigma_u = 600$、800 和 1000 时，核心单元混凝土的响应过程为弹性-裂纹-粉碎→弹性-粉碎→完全粉碎，临界扩孔半径如表 7.1 所示。

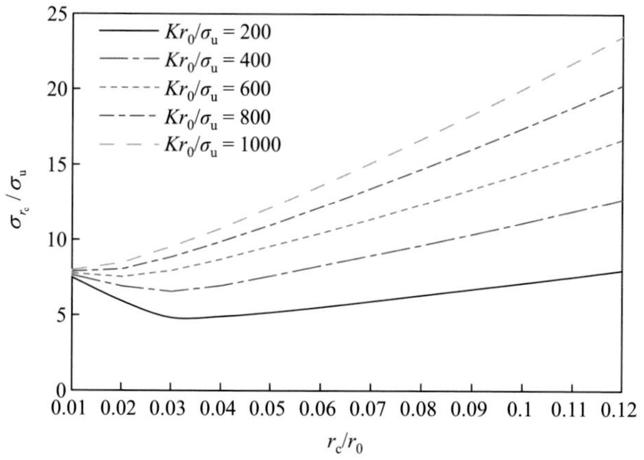

图 7.18　不同约束刚度下扩孔压力的变化（扩孔速度为 50m/s）

表 7.1　临界扩孔半径

Kr_0/σ_u	r_{c1}/r_0	r_{c2}/r_0	r_{c3}/r_0	r_{c4}/r_0
200	0.0230	0.0999	—	—
400	0.0330	0.0707	—	—
600	—	—	0.0533	0.0609
800	—	—	0.0400	0.1098
1000	—	—	0.0331	0.1488

由图 7.18 可知：

（1）总体上，不同约束刚度下扩孔压力的变化趋势相似，随着扩孔半径的增大，扩孔压力逐渐增大；但当约束刚度较小时，扩孔压力在扩孔初期存在下降（先减小后增大）现象，且约束刚度越小，下降现象越明显；当约束刚度达到一定值后（大于 800），下降现象消失；随着约束刚度的增大，扩孔压力的转折点逐渐向小扩孔半径方向移动，即约束刚度越大，扩孔压力回升时所对应的扩孔半径越小。

（2）约束刚度显著影响扩孔压力的大小，当扩孔半径相同时，随着约束刚度的增大，扩孔压力增大，且扩孔半径越大，约束刚度对扩孔压力的影响越显著（弹性约束未失效）。

（3）结合表 7.1，随着约束刚度的增大，临界扩孔半径 r_{c1}/r_0 和 r_{c4}/r_0 逐渐增大，而临界扩孔半径 r_{c2}/r_0 和 r_{c3}/r_0 逐渐减小，直到 $r_{c1}/r_0 = r_{c2}/r_0$，$r_{c3}/r_0 = r_{c4}/r_0$。

综上所述，约束刚度是影响约束混凝土扩孔压力、响应过程的主要因素，约束刚度越大，扩孔压力越大；对于中低约束混凝土，其响应过程为弹性-裂纹-粉碎→裂纹-粉碎→完全粉碎，对于高约束混凝土，其响应过程为弹性-裂纹-粉碎→弹性-粉碎→完全粉碎。扩孔速度对扩孔压力有显著影响，扩孔速度越大，扩孔压力越大。扩孔半径对扩孔压力也有一定影响，当约束刚度较低时，扩孔压力在扩孔过程中存在极小值现象；而当约束刚度较高时，扩孔压力随扩孔半径的增大而增大。

7.4　刚性弹侵彻深度预测公式

7.4.1　侵彻阻力

参照半无限混凝土靶侵彻阻力模型[108]，假设侵彻阻力由静阻力项和流动阻力项构成，并由空腔膨胀的扩孔压力求得，即弹头表面的法向压力可表示为

$$\frac{\sigma_n}{\sigma_u} = A + B\frac{\rho \dot{r}_c^2}{\sigma_u} \tag{7.67}$$

式中，σ_n 为弹头表面法向压力，取为空腔壁压力 σ_{r_c}，由空腔膨胀模型求解；A 和 B 分别为静阻力系数和流动阻力系数。

当扩孔速度趋于零时，即为准静态扩孔，由式（7.67）可得

$$A = \frac{\sigma_{n0}}{\sigma_u} \tag{7.68}$$

式中，σ_{n0} 为准静态扩孔压力，本节取扩孔速度为零的空腔壁压力 $\sigma_{r_{c0}}$。

令 $y = \sigma_n / \sigma_u$，$x = \rho \dot{r}_c^2 / \sigma_u$，则式（7.67）转化为

$$y = Bx + A \tag{7.69}$$

对于给定的约束混凝土，靶体参数已知，在满足 $\dot{r}_c < \dot{r}_{c,\lim}$ 条件下，按照图 7.8 所示求解流程可以得到一系列与扩孔速度相对应的扩孔压力。将计算得到的一系列扩孔速度-扩孔压力点描绘到 xoy 直角坐标系中，并用式（7.69）进行拟合，则直线的斜率即为所求 B，直线在 y 轴上的截距即为所求 A。

以第 2 章 T161 试件和第 4 章 WT140/4.5 试件为例，说明阻力系数的求解过程。T161 试件的计算参数为：$\sigma_u = 54.3\text{MPa}$，$|\sigma_t| = 5.66\text{MPa}$，$\rho = 2420\text{kg/m}^3$，$r_0 = 66.5\text{mm}$，$r_c = 3.75\text{mm}$，$E = 24869.9\text{MPa}$，$E_s = 198\text{GPa}$，$\delta = 3.5\text{mm}$，$m = 9$；WT140/4.5 试件的计算参数为：$\sigma_u = 59.1\text{MPa}$，$|\sigma_t| = 6.0\text{MPa}$，$\rho = 2385\text{kg/m}^3$，$r_0 = 56.1\text{mm}$，$r_c = 3.75\text{mm}$，$E = 25791.7\text{MPa}$，$E_s = 198\text{GPa}$，$\delta = 4.5\text{mm}$，$m = 9$。

对于 T161 试件，$K_1 = 0$，$Kr_0/\sigma_u = 433$，$r_{c1}/r_0 = 0.0363 < r_c/r_0 = 0.0564 < r_{c2}/r_0 = 0.0679$，响应模式为裂纹-粉碎；对于 WT140/4.5 试件，$Kr_0/\sigma_u = 1132.4$，$r_{c3}/r_0 = 0.0294 < r_c/r_0 = 0.0668 < r_{c2}/r_0 = 0.1990$，响应模式为弹性-粉碎。图 7.19 给出了阻力系数 A 和 B 的拟合结果，T161 试件的阻力系数为 $A = 7.80$、$B = 5.95$，WT140/4.5 试件的阻力系数为 $A = 14.85$、$B = 3.81$，相关系数分别为 0.9992 和 0.9999，表明拟合曲线与计算值吻合很好。

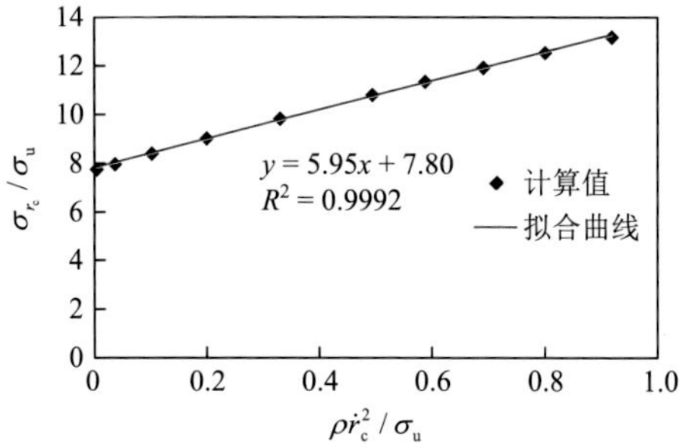

(a) T161试件

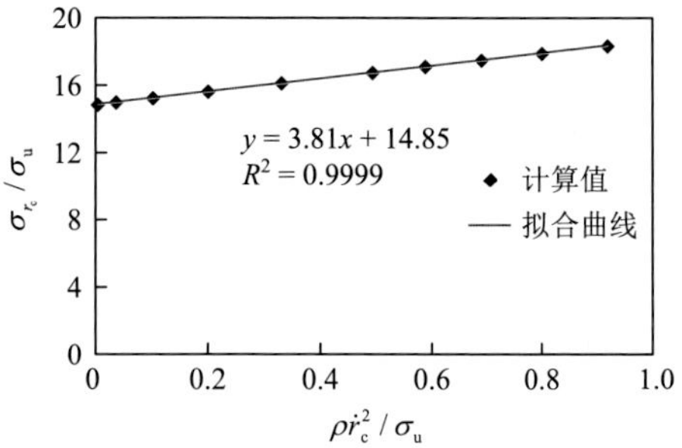

(b) WT140/4.5试件

图 7.19 阻力系数求解算例

7.4.2 隧道侵彻深度

根据牛顿第二定律，可得弹丸的运动方程为

$$F = -M\frac{\mathrm{d}V}{\mathrm{d}t} = -MV\frac{\mathrm{d}V}{\mathrm{d}X} \tag{7.70}$$

式中，M、V 分别为弹丸的质量和 t 时刻的轴向速度；X 为 t 时刻的侵彻深度。

在隧道侵彻阶段，不计摩擦力，则弹丸头部所受轴向阻力为

$$F = \int_{\Omega} \sigma_n \cos\theta \mathrm{d}S \tag{7.71}$$

式中，Ω 为弹丸头部外表面；θ 为弹丸头部外法线与轴线的夹角；σ_n 按式（7.67）计算，其中扩孔速度与弹丸轴向速度的关系为

$$\dot{r}_c = V\cos\theta \tag{7.72}$$

将式（7.67）代入式（7.71）并积分，可得弹丸轴向阻力为

$$F = \frac{\pi d^2}{4}\left(A\sigma_u + NB\rho V^2\right) \tag{7.73}$$

式中，N 为弹丸头部形状系数，按式（7.74）进行计算[113]：

$$N = \frac{8}{d^2}\int_0^l \frac{ff'^3}{1+f'^2}\mathrm{d}x \tag{7.74}$$

式中，l 为弹头长度；f 为弹头形状函数；f' 为弹头形状函数的导数。

对于卵形头弹丸，其弹丸头部形状系数 N 的计算表达式为[109]

$$N=\frac{8\psi-1}{24\psi^{2}} \tag{7.75}$$

式中，ψ 为弹丸曲径比，$\psi=s/d$，s 为弹头曲率半径。

隧道侵彻阶段开始时刻的侵彻阻力为

$$F_{1}=\frac{\pi d^{2}}{4}\left(A\sigma_{\mathrm{u}}+NB\rho V_{1}^{2}\right) \tag{7.76}$$

为了得到隧道侵彻初始阶段的速度，假设弹丸阻力在侵彻过程中连续，且开坑阶段的侵彻阻力与侵彻深度成比例，即

$$F=cX \tag{7.77}$$

式中，c 为比例系数。

将式（7.77）代入运动方程（7.70），考虑初始条件（$X=0$，$V=V_0$）和结束条件（$X=H_1$，$V=V_1$），可得比例系数 c 的表达式：

$$c=M\frac{V_{0}^{2}-V_{1}^{2}}{H_{1}^{2}} \tag{7.78}$$

式中，V_0 为弹丸的着靶速度；V_1 为开坑结束时弹丸的轴向速度。

式（7.77）中令 $X=H_1$，并联立式（7.76）～式（7.78），可得 V_1 的表达式：

$$V_{1}^{2}=\frac{4MV_{0}^{2}-\pi d^{2}H_{1}A\delta u}{4M+\pi d^{2}H_{1}NB\rho} \tag{7.79}$$

在隧道侵彻阶段，弹丸受侵彻阻力作用，速度从 V_1 减至零。联立式（7.70）和式（7.76）可得

$$MV\frac{\mathrm{d}V}{\mathrm{d}X}=-\frac{\pi d^{2}}{4}(A\sigma_{\mathrm{u}}+NB\rho V^{2}) \tag{7.80}$$

积分式（7.80）可得

$$X=C_{3}-\frac{2M}{\pi d^{2}\rho NB}\ln(A\sigma_{\mathrm{u}}+NB\rho V^{2}) \tag{7.81}$$

式中，C_3 为积分常数，可由隧道侵彻阶段的初始条件求得。

由隧道侵彻阶段的初始条件：$X=0$，$V=V_1$，可得

$$C_{3}=\frac{2M}{\pi d^{2}\rho NB}\ln\left(A\sigma_{\mathrm{u}}+NB\rho V_{1}^{2}\right) \tag{7.82}$$

将式（7.82）代入式（7.81）可得

$$X=\frac{2M}{\pi d^{2}\rho NB}\ln\frac{A\sigma_{\mathrm{u}}+NB\rho V_{1}^{2}}{A\sigma_{\mathrm{u}}+NB\rho V^{2}} \tag{7.83}$$

当弹丸速度减为零时，弹丸的位移即为隧道阶段的侵彻深度 H_2：

$$H_2 = \frac{2M}{\pi d^2 \rho NB} \ln\left(1 + \frac{NB\rho V_1^2}{A\sigma_u}\right) \tag{7.84}$$

对于硬芯枪弹，根据试验现象，可假设隧道侵彻阶段仅弹芯有侵彻效应，并忽略弹芯在开坑阶段的速度损失，即取 $V_1 = V_0$。因此，计算硬芯枪弹隧道阶段侵彻深度时，在式（7.84）中用弹芯参数代替弹丸参数，即 d 改为弹芯直径 d_w，M 和 N 取为弹芯的相应值。

7.4.3 硬芯枪弹侵彻深度公式及其验证

根据试验现象，在开坑阶段，弹丸的钢套和铜皮与刚性弹芯分离，隧道侵彻阶段仅弹芯具有侵彻效应，并可忽略弹芯在开坑阶段的速度损失，即近似取弹芯在隧道侵彻阶段的初始速度等于弹丸的着靶速度 V_0[133, 152]。

结合式（7.1）和式（7.84）可得硬芯枪弹侵彻钢管约束混凝土的深度预测公式：

$$X = H_1 + H_2 = kd + \frac{2M}{\pi d_w^2 \rho NB} \ln\left(1 + \frac{NB\rho V_0^2}{A\sigma_u}\right) \tag{7.85}$$

式中，d 为弹丸直径；d_w 为弹芯直径；M 为弹芯质量。

表 7.2 给出了硬芯弹丸侵彻多边形蜂窝钢管约束混凝土侵彻深度试验结果（每个系列试件取有效数据的平均值）与本节模型计算结果的比较。其中取 $m = 8$、9 和 10，弹丸的参数为：$d = 12.7\text{mm}$，$d_w = 7.5\text{mm}$，$M = 19.8\text{g}$，$l = 10.3\text{mm}$，$N = 0.26$[137]；着靶速度在 800m/s、700m/s 和 600m/s 左右时分别取 $k = 3$、2 和 1.5。扩孔半径取弹芯半径，即 $r_c = d_w/2$，靶体参数与 7.2.4 节相同。

表 7.2 多边形蜂窝钢管约束混凝土侵彻深度试验结果与计算结果比较

序号	试件编号	V_0/(m/s)	k	Kr_0/σ_u	r_c/r_0	m	A	B	R^2	X 计算值/mm	X 试验值/mm	X 误差/%
1	WT80/2.5	806.1	3	480	0.117	8	12.32	2.15	1.0000	161.1	157.0	2.61
						9	13.84	2.36	1.0000	157.2		0.13
						10	14.26	2.42	1.0000	153.8		−2.04
2	WT80/3.5	792.1	3	592	0.121	8	14.59	1.98	1.0000	146.8	136.9	7.23
						9	16.41	2.16	1.0000	143.4		4.75
						10	16.92	2.22	1.0000	140.3		2.48
3	WT110/2.5	794.5	3	583	0.083	8	11.68	3.41	0.9999	153.0	160.9	−4.91
						9	12.10	3.53	0.9999	149.0		−7.40
						10	12.48	3.63	0.9999	145.8		−9.38

续表

序号	试件编号	V_0/(m/s)	k	Kr_0/σ_u	r_c/r_0	m	A	B	R^2	X 计算值/mm	X 试验值/mm	X 误差/%
4	WT110/3.5	787.7	3	756	0.085	8	14.03	3.14	0.9999	142.4	152.5	−6.62
						9	14.56	3.24	0.9999	138.8		−8.98
						10	15.05	3.33	0.9999	135.7		−11.02
		699.1	2			8	14.03	3.14	0.9999	114.1	122.1	−6.55
						9	14.56	3.24	0.9999	111.0		−9.09
						10	15.05	3.33	0.9999	108.4		−11.22
		593.4	1.5			8	14.03	3.14	0.9999	89.0	77.0	15.58
						9	14.56	3.24	0.9999	86.6		12.47
						10	15.05	3.33	0.9999	84.5		9.74
5	WT110/4.5	791.9	3	931	0.087	8	16.23	2.91	1.0000	135.6	145.4	−6.74
						9	16.84	3.00	1.0000	132.3		−9.01
						10	17.39	3.07	1.0000	130.3		−10.39
6	WT140/4.5	792.6	3	1132	0.067	8	14.66	3.78	0.9999	133.8	132.4	1.06
						9	15.22	3.87	0.9999	130.7		−1.28
						10	15.34	3.91	0.9999	129.9		−1.89
7	WT160/3.5	793.4	3	870	0.057	8	11.07	4.69	0.9997	141.6	146.6	−3.41
						9	11.49	4.86	0.9997	137.9		−5.93
						10	11.86	5.01	0.9997	134.8		−8.05
8	WS99/2.5	792.7	3	482	0.115	8	12.32	2.15	1.0000	158.3	157.3	0.64
						9	13.74	2.40	1.0000	154.5		−1.78
						10	14.26	2.42	1.0000	151.2		−3.88
9	WS99/3.5	796.4	3	595	0.119	8	14.59	1.98	1.0000	147.9	146.9	0.68
						9	16.29	2.20	1.0000	144.4		−1.70
						10	16.92	2.22	1.0000	141.4		−3.74
10	WS135/2.5	794.4	3	583	0.083	8	11.68	3.41	0.9999	152.9	164.3	−6.94
						9	12.09	3.54	0.9999	149.0		−9.31
						10	12.48	3.63	0.9999	145.6		−11.38
11	WS135/3.5	793.7	3	756	0.085	8	14.03	3.14	0.9999	143.4	155.1	−7.54
						9	14.54	3.25	0.9999	139.8		−9.86
						10	15.05	3.33	0.9999	136.7		−11.86
		699.6	2			8	14.03	3.14	0.9999	114.2	124.6	−8.35
						9	14.54	3.25	0.9999	111.1		−10.83
						10	15.05	3.33	0.9999	108.5		−12.92
		599.6	1.5			8	14.03	3.14	0.9999	90.1	83.2	8.29
						9	14.54	3.25	0.9999	87.6		5.29
						10	15.05	3.33	0.9999	85.5		2.76

续表

序号	试件编号	V_0/(m/s)	k	Kr_0/σ_u	r_c/r_0	m	A	B	R^2	X 计算值/mm	X 试验值/mm	X 误差/%
12	WS135/4.5	790.5	3	932	0.087	8	16.23	2.91	1.0000	134.9	132.6	1.73
						9	16.95	3.02	1.0000	131.5		−0.83
						10	17.39	3.07	1.0000	128.6		−3.02
13	WS170/4.5	784.3	3	1128	0.066	8	14.66	3.78	0.9999	134.9	130.6	3.29
						9	14.71	3.85	0.9999	131.7		0.84
						10	15.34	3.91	0.9999	128.8		−1.38
14	WS198/3.5	794.9	3	867	0.056	8	11.07	4.69	0.9997	141.7	152.3	−6.96
						9	11.37	4.92	0.9997	138.1		−9.32
						10	11.86	5.01	0.9996	135.0		−11.36

图 7.20 给出了 WS135/3.5 系列试件和 WT110/3.5 系列试件侵彻深度的试验结果与本节模型和 Li-Chen 模型[110]预测计算结果的比较，其中 Li-Chen 模型广泛应用于预测半无限混凝土靶在刚性弹作用下的侵彻深度，其形式与本节模型相似，只需令 $B=1$，$A\sigma_u=Sf_c$（$f_c=\sigma_u$，$S=72f_c^{-0.5}$），其余参数取值与本节模型相同；本节模型是针对 WS135/3.5 系列试件的侵彻深度预测曲线，取 $m=8$、9 和 10 进行比较。

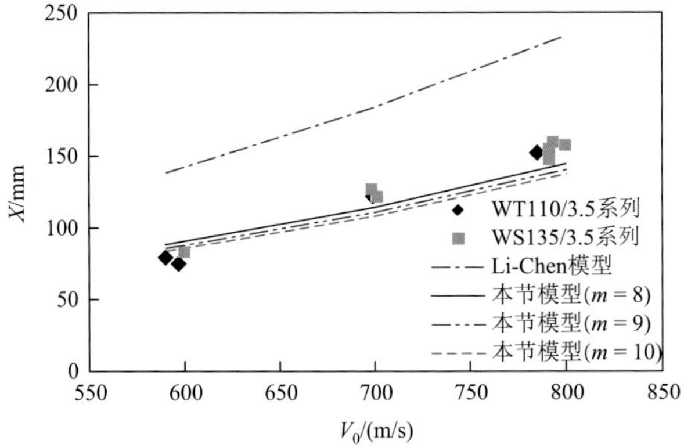

图 7.20　侵彻深度试验结果与预测模型计算结果的比较[110]

由表 7.2 和图 7.20 可知：

（1）当取 $m=9$ 时，侵彻深度计算结果与试验结果吻合良好，最大误差约为 12.47%；如果不考虑着靶速度 600m/s 工况，最大误差为 10.83%；着靶速度 600m/s 左右时误差较大的原因是试验通过减少装药量减小了弹丸的着靶速度，致使弹丸飞行状态不够稳定，导致侵彻深度偏小。

（2）经验常数 m 与约束刚度 Kr_0/σ_u 有关，如果考虑 Kr_0/σ_u 对 m 值的影响，计算结果与试验结果吻合更好。对于 WT80/2.5（WS99/2.5）和 WT110/2.5（WS135/2.5）试件，约束刚度较小（$Kr_0/\sigma_u \leqslant 590$），取 $m = 8$，计算侵彻深度的最大误差为 7.23%；对于 WT80/3.5（WS99/3.5）、WT110/3.5（WS135/3.5）和 WT160/3.5（WS198/3.5）试件，约束刚度较大（$590 < Kr_0/\sigma_u \leqslant 900$），取 $m = 9$，计算侵彻深度的最大误差为 10.83%（不考虑 600m/s 工况）；对于 WT110/4.5（WS135/4.5）和 WT140/4.5（WS170/4.5）试件，约束刚度最大（$Kr_0/\sigma_u > 900$），取 $m = 10$，计算侵彻深度的最大误差为 10.39%。

（3）Li-Chen 模型[110]计算侵彻深度比试验结果增大 50.6%～81.6%，表明 Li-Chen 模型[110]不适用于计算硬芯枪弹垂直侵彻蜂窝钢管约束混凝土的侵彻深度。

此外，表 7.3 给出了第 2 章中钢管约束混凝土结构单元典型工况试验结果（每个系列试件取有效数据的平均值）与本节模型计算结果的比较。其中 Hoek-Brown 准则中的经验常数仍取 $m = 8$、9 和 10，经验常数 k 根据试验结果确定，与着靶速度 V_0 有关，$V_0 = 600\text{m/s}$ 时，取 $k = 2$；$V_0 = 700\text{m/s}$ 时，取 $k = 3$；$V_0 = 820\text{m/s}$ 时，取 $k = 4$。结果表明，本节模型也适合钢管约束混凝土结构单元。

表 7.3　钢管约束混凝土结构单元侵彻深度试验结果与计算结果比较

试件类型	V_0/(m/s)	k	Kr_0/σ_u	r_c/r_0	m	A	B	R^2	X		
									计算值/mm	试验值/mm	误差/%
C140	607.4	2	480	0.056	8	7.59	5.71	0.9992	112.3	92.8	21.01
					9	7.8	5.95	0.9992	109.4		17.89
					10	7.99	6.17	0.9992	106.9		15.19
	706.8	3			8	7.59	5.71	0.9992	139.9	128	9.30
					9	7.8	5.95	0.9992	136.4		6.56
					10	7.99	6.17	0.9992	133.5		4.30
	826.5	4			8	7.59	5.71	0.9992	168.9	176.6	−4.36
					9	7.8	5.95	0.9992	164.8		−6.68
					10	7.99	6.17	0.9992	161.3		−8.66
T161	607.8	2	480	0.056	8	7.59	5.71	0.9992	112.4	91.6	22.71
					9	7.8	5.95	0.9992	109.5		19.65
					10	7.99	6.17	0.9992	107.0		16.81
	711.9	3			8	7.59	5.71	0.9992	140.6	124.5	12.93
					9	7.8	5.95	0.9992	137.1		10.12
					10	7.99	6.17	0.9992	134.1		7.71
	820.9	4			8	7.59	5.71	0.9992	168.1	160	5.06
					9	7.8	5.95	0.9992	164.1		2.56
					10	7.99	6.17	0.9992	160.6		0.38

续表

试件类型	V_0/(m/s)	k	Kr_0/σ_u	r_c/r_0	m	A	B	R^2	X		
									计算值/mm	试验值/mm	误差/%
S213	611.2	2	445	0.053	8	7.06	6.29	0.9988	112.3	99.7	12.64
					9	7.25	6.56	0.9988	109.4		9.73
					10	7.41	6.81	0.9988	106.9		7.22
	697.6	3			8	7.06	6.29	0.9988	137.1	135.3	1.33
					9	7.25	6.56	0.9988	133.8		−1.09
					10	7.41	6.81	0.9988	130.9		−3.25
	818.7	4			8	7.06	6.29	0.9988	165.3	181	−8.67
					9	7.25	6.56	0.9988	161.4		−10.83
					10	7.41	6.81	0.9988	158.0		−12.71
C114	602.6	2	596	0.07	8	9.49	4.24	0.9997	110.8	89.9	23.25
					9	7.25	6.56	0.9997	107.9		20.02
					10	10.09	4.55	0.9997	105.4		17.24
	707.4	3			8	9.49	4.24	0.9997	141.8	124.4	13.99
					9	7.25	6.56	0.9997	138.3		11.17
					10	10.09	4.55	0.9997	135.2		8.68
	814.9	4			8	9.49	4.24	0.9997	172.1	168.5	2.14
					9	7.25	6.56	0.9997	110.8		−34.24
					10	10.09	4.55	0.9997	107.9		−35.96

注：r_c取弹芯半径（3.75mm）；T161 和 S213 的混凝土等效半径 r_0 分别为 66.5mm 和 71.8mm。

综上所述，本节模型由于考虑了钢管、周边单元的约束效应，既适合蜂窝钢管约束混凝土整体结构（高约束情况），又适合钢管约束混凝土结构单元（低约束情况）。

参 考 文 献

[1] 任辉启, 穆朝民, 刘瑞朝, 等. 精确制导武器侵彻效应与工程防护[M]. 北京: 科学出版社, 2016.

[2] 马田, 李鹏飞, 周涛, 等. 钻地弹动能侵彻战斗部技术研究综述[J]. 飞航导弹, 2018, 400 (4): 91-94.

[3] 伍浩松, 戴定. 美国新一代核航弹研发正稳步推进[J]. 国防科技工业, 2019, 224 (2): 27-28.

[4] 钱伟长. 穿甲力学[M]. 北京: 国防工业出版社, 1984.

[5] Terranova B, Whittaker A, Schwer L. Design of concrete walls and slabs for wind-borne missile loadings[J]. Engineering Structures, 2019, 194: 357-369.

[6] Zhao C F, Chen J Y, Wang Y, et al. Damage mechanism and response of reinforced concrete containment structure under internal blast loading[J]. Theoretical and Applied Fracture Mechanics, 2012, 61: 12-20.

[7] 王天运, 任辉启, 王玉岚. 接触爆炸荷载作用下核电站安全壳的动力响应分析[J]. 核动力工程, 2005, (2): 92-96.

[8] 崔铁军, 李莎莎, 马云东, 等. 飞机撞击复杂结构建筑全过程模拟与研究[J]. 应用数学和力学, 2016, 37 (11): 1228-1238.

[9] 赵福全, 吴成明, 潘之杰, 等. 中国汽车安全技术的现状与展望[J]. 汽车安全与节能学报, 2011, 2 (2): 111-121.

[10] Orphal D L. Explosions and impacts[J]. International Journal of Impact Engineering, 2006, 33: 496-545.

[11] Salehi H, Ziaei-Rad S, Vaziri-Zanjani M A. Bird impact effects on different types of aircraft bubble windows using numerical and experimental methods[J]. International Journal of Crashworthiness, 2010, 15 (1): 93-106.

[12] NCTC. A Chronology of Significant International Terrorism for 2004[R]. National Counterterrorism Center, 2005.

[13] 吴智敏, 赵国藩, 黄承逵. 不同强度等级混凝土的断裂韧度、断裂能[J]. 大连理工大学学报, 1993, 33: 73-77.

[14] Shan J H, Chen R, Zhang W X, et al. Behavior of concrete filled tubes and confined concrete filled tubes under high speed Impact[J]. Advances in Structural Engineering, 2007, 10 (2): 209-218.

[15] Huo J S, Zheng Q, Chen B S, et al. Tests on impact behaviour of micro-concrete-filled steel tubes at elevated temperatures up to 400℃[J]. Materials and Structures, 2009, 42: 1325-1334.

[16] Mu Z C, Dancygier A N, Zhang W, et al. Revisiting the dynamic compressive behavior of

concrete-like materials[J]. International Journal of Impact Engineering, 2012, 49: 91-102.

[17] 王起帆, 郭志昆, 田强, 等. 含高强 RPC 球柱的复合遮弹层偏航试验研究[J]. 地下空间与工程学报, 2009, 5 (5): 972-975.

[18] 胡瑞, 汪剑辉, 王天运. 高含量混杂钢纤维高强混凝土抗侵彻性能试验研究[J]. 混凝土, 2013, (10): 101-107.

[19] 纪冲, 龙源, 万文乾, 等. 钢纤维混凝土抗侵彻与贯穿特性的实验研究[J]. 爆炸与冲击, 2008, 28 (2): 178-185.

[20] Sovják R, Vavriník T, Máca P, et al. Experimental investigation of ultra-high performance fiber reinforced concrete slabs subjected to deformable projectile impact[J]. Procedia Engineering, 2013, 65: 120-125.

[21] Soe K T, Zhang Y X, Zhang L C. Impact resistance of hybrid-fiber engineered cementitious composite panels[J]. Composite Structures, 2013, 104: 320-330.

[22] Lai J, Guo X, Zhu Y. Repeated penetration and different depth explosion of ultra-high performance concrete[J]. International Journal of Impact Engineering, 2015, 84: 1-12.

[23] 陈万祥, 郭志昆, 吴昊, 等. 表面异性遮弹层的诱偏机理与试验[J]. 弹道学报, 2011, 23 (4): 66-74.

[24] 陈万祥, 郭志昆, 钱七虎. 基于接触理论的弹体偏航机理[J]. 解放军理工大学学报, 2006, 7 (5): 458-466.

[25] 郭志昆, 陈万祥, 袁正如, 等. 新型偏航遮弹层选型分析与试验[J]. 解放军理工大学学报(自然科学版), 2007, 8 (5): 505-512.

[26] 陈万祥, 郭志昆. 活性粉末混凝土基表面异形遮弹层的抗侵彻特性[J]. 爆炸与冲击, 2010, 30 (1): 51-57.

[27] 陈万祥, 郭志昆, 严少华, 等. 表面异形遮弹层的偏航作用机理与试验研究[J]. 防护工程, 2010, 32 (5): 35-39.

[28] 高发光, 李永池, 李平, 等. 防护工程复合遮弹层结构探讨[J]. 弹箭与制导学报, 2009, 31 (5): 99-106.

[29] Underwood J M. Effectiveness of yaw-inducing deflection grids for defeating advanced penetrating weapons[R]. Air Force Civil Engineering Support Agency, 1995.

[30] Wang Y H, Chen J Y, Zhang R, et al. Impact response of steel-PU foam-steel-concrete-steel panel: Experimental, numerical and analytical studies[J]. International Journal of Impact Engineering, 2021, 158: 1-14.

[31] Schenker A, Anteby I, Nizri E. Foam-protected reinforced concrete structures under impact: experimental and numerical studies[J]. Journal of Structural Engineering, 2005, 131 (8): 1233-1242.

[32] 王明洋, 刘小斌, 钱七虎. 弹体在含钢球的钢纤维混凝土介质中侵彻深度工程计算模型[J]. 兵工学报, 2002, 23 (1): 14-18.

[33] 周布奎, 陈向欣, 唐德高. 单层紧密排列刚玉球砼侵彻特性试验研究[J]. 爆炸与冲击, 2003, 23 (2): 173-177.

[34] 周布奎, 杨秀敏, 王安宝, 等. 刚玉混凝土复合材料抗侵彻性能试验及数值模拟[C]//第七届全国冲击动力学讨论会, 昆明, 2005: 321-330.

[35] Dancygier A N, Katz A, Benamou D, et al. Resistance of double-layer reinforced HPC barriers to projectile impact[J]. International Journal of Impact Engineering, 2014, 67: 39-51.
[36] Kojima I. An experimental study on local behavior of reinforced concrete slabs to missile impact[J]. Nuclear Engineering and Design, 1991, 130 (2): 121-132.
[37] Shirai T, Kambayashi A, Ohno T, et al. Experiment and numerical simulation of double-layered RC plates under impact loadings[J]. Nuclear Engineering and Design, 1997, 176: 195-205.
[38] Abdel-Kader M, Fouda A. Effect of reinforcement on the response of concrete panels to impact of hard projectiles[J]. International Journal of Impact Engineering, 2014, 63: 1-17.
[39] 石少卿, 黄翔宇, 刘颖芳, 等. 多边形钢管混凝土短构件在防护工程中的应用[J]. 混凝土, 2005, (2): 95-98.
[40] 王起帆, 石少卿, 王征, 等. 蜂窝遮弹层抗弹丸侵彻实验研究[J]. 爆炸与冲击, 2016, (2): 253-258.
[41] 程华, 黄宗明, 石少卿, 等. 应用仿生原理设计遮弹层及其抗侵彻数值模拟分析[J]. 应用力学学报, 2005, (4): 593-597.
[42] Ben-Dor G, Dubinsky A, Elperin T. Ballistic properties of multilayered concrete shields[J]. Nuclear Engineering and Design, 2009, 239 (10): 1789-1794.
[43] Wu H, Fang Q, Peng Y, et al. Hard projectile perforation on the monolithic and segmented RC panels with a rear steel liner[J]. International Journal of Impact Engineering, 2015, 76: 232-250.
[44] 李季, 储召军, 孙建虎, 等. 钢管钢纤维高强混凝土遮弹层抗侵彻数值模拟[J]. 后勤工程学院学报, 2016, (2): 27-31.
[45] 程怡豪, 王明洋, 施存程, 等. 大范围着速下混凝土靶抗冲击试验研究综述[J]. 浙江大学学报 (工学版), 2015, 49 (4): 616-637.
[46] Li Q M, Reid S R, Wen H M. Local impact effects of hard missiles on concrete targets[J]. International Journal of Impact Engineering, 2005, 32 (1-4): 224-284.
[47] Ben-Dor G, Dubinsky A, Elperin T. High-Speed Penetration Dynamics: Engineering Models and Methods[M]. Singapore: World Scientific Publishing Co. Pte. Ltd. , 2013.
[48] Backmann M E, Goldsmith W. The mechanics of penetration of projectiles into targets[J]. International Journal of Engineering Science, 1978, 16 (1): 1-99.
[49] 陈小伟. 穿甲/侵彻问题的若干工程研究进展[J]. 力学进展, 2009, 39 (3): 316-351.
[50] Warren T L, Fossum A F, Frew D J. Penetration into low-strength (23MPa) concrete: target characterization and simulations[J]. International Journal of Impact Engineering, 2004, 30 (5): 477-503.
[51] Silling S A, Forrestal M J. Mass loss from abrasion on ogive-nose steel projectiles that penetrate concrete targets[J]. International Journal of Impact Engineering, 2007, 34 (11): 1814-1820.
[52] Ben-Dor G, Dubinsky A, Elperin T. Analytical engineering models for predicting high speed penetration of hard projectiles into concrete shields: A review[J]. International Journal of Damage Mechanics, 2015, 24 (1): 76-94.

[53] 何翔, 徐翔云, 孙桂娟, 等. 弹体高速侵彻混凝土的效应实验[J]. 爆炸与冲击, 2010, 30 (1): 1-6.

[54] 杨建超, 左新建, 何翔, 等. 弹体高速侵彻混凝土质量侵蚀实验研究[J]. 实验力学, 2012, 27 (1): 122-127.

[55] Frew D J, Hanchak S J, Green M L, et al. Penetration of concrete targets with ogive-nose steel rods[J]. International Journal of Impact Engineering, 1998, 21 (6): 489-497.

[56] Forrestal M J, Frew D J, Hanchak S J, et al. Penetration of grout and concrete targets with ogive-nose steel projectiles[J]. International Journal of Impact Engineering, 1996, 18: 465-476.

[57] 孙传杰, 卢永刚, 张方举, 等. 新型头形弹体对混凝土的侵彻[J]. 爆炸与冲击, 2010, 30 (3): 269-275.

[58] 顾晓辉, 王晓鸣, 陈惠武, 等. 动能侵彻体垂直侵彻半无限厚混凝土靶的试验研究[J]. 实验力学, 2004, 19 (1): 103-108.

[59] 栾晓岩, 贺虎成, 耿忠, 等. 弹丸侵彻混凝土的试验与仿真[J]. 系统仿真学报, 2008, 20 (13): 3571-3573.

[60] Frew D J, Forrestal M J, Cargile J D. The effect of concrete target diameter on projectile deceleration and penetration depth[J]. International Journal of Impact Engineering, 2006, 32: 1584-1594.

[61] Tai Y S. Flat ended projectile penetrating ultra-high strength concrete plate target[J]. Theoretical and Applied Fracture Mechanics, 2009, 51: 117-128.

[62] Dancygier A N, Yankelevsky D Z. High strength concrete response to hard projectile impact[J]. International Journal of Impact Engineering, 1996, 18: 583-599.

[63] Zhang M H, Shim V P W, Lu G, et al. Resistance of high-strength concrete to projectile impact[J]. International Journal of Impact Engineering, 2005, 31: 825-841.

[64] Christian H, Ari V. Experimental investigation and numerical analyses of reinforced concrete structures subjected to external missile impact[J]. Progress in Nuclear Energy, 2015, 84: 1-12.

[65] 周宁, 任辉启, 沈兆武, 等. 弹丸侵彻混凝土和钢筋混凝土的实验[J]. 中国科学技术大学学报, 2006, 36 (10): 1021-1027.

[66] Dawson A, Bless S, Levinson S, et al. Hypervelocity penetration of concrete[J]. International Journal of Impact Engineering, 2008, 35: 1484-1489.

[67] Dancygier A N, Yankelevsky D Z, Jaegermann C. Response of high performance concrete plates to impact of non-deforming projectiles[J]. International Journal of Impact Engineering, 2007, 34: 1768-1779.

[68] Ren F, Mattus C H, Wang J A, et al. Effect of projectile impact and penetration on the phase composition and microstructure of high performance concretes[J]. Cement and Concrete Composites, 2013, 41: 1-8.

[69] Riedela W, Nöldgen M, StraБburger E, et al. Local damage to ultra high performance concrete structures caused by an impact of aircraft engine missiles[J]. Nuclear Engineering and Design, 2010, 240 (10): 2633-2642.

[70] Almansa E M, Canovas M F. Behavior of normal and steel fiber-reinforced concrete under impact of small projectiles[J]. Cement and Concrete Research, 1999, 29: 1807-1814.

[71] 纪冲, 龙源, 邵鲁中. 钢纤维混凝土遮弹层抗弹丸侵彻效应试验研究及分析[J]. 振动与冲击, 2009, 28 (12): 75-79.

[72] 赵晓宁, 何勇, 张先锋, 等. 杆弹侵彻钢纤维混凝土实验研究[J]. 实验力学, 2011, 26 (2): 216-220.

[73] 戎志丹, 孙伟, 张云升, 等. 高与超高性能钢纤维混凝土的抗侵彻性能研究[J]. 弹道学报, 2010, 22 (3): 63-69.

[74] Nia A A, Hedayatian M, Nili M, et al. An experimental and numerical study on how steel and polypropylene fibers affect the impact resistance in fiber-reinforced concrete[J]. International Journal of Impact Engineering, 2012, 46: 62-73.

[75] 王璞, 黄真. 碳纤维混杂纤维混凝土抗冲击性能研究[J]. 爆炸与冲击, 2012, 31 (12): 14-18.

[76] Almusallam T H, Siddiqui N A, Iqbal R A, et al. Response of hybrid-fiber reinforced concrete slabs to hard projectile impact[J]. International Journal of Impact Engineering, 2013, 58: 17-30.

[77] Wu H, Fang Q, Gong J, et al. Projectile impact resistance of corundum aggregated UHP-SFRC[J]. International Journal of Impact Engineering, 2015, 84: 38-53.

[78] Wang S S, Le H T N, Poh L H, et al. Resistance of high-performance fiber-reinforced cement composites against high-velocity projectile impact[J]. International Journal of Impact Engineering, 2016, 95: 89-104.

[79] 王耀华, 肖燕妮, 比亚军, 等. 钢丝网增强活性粉末混凝土抗侵彻特性[J]. 解放军理工大学学报, 2008, 9 (1): 57-61.

[80] Nash P T, Zabel P H, Wenzel A B. Penetration studies into concrete and granite[C]//Proceedings of the ASCE/ASME Mechanics Conference, Albuquerque, 1985: 175-181.

[81] Werner S, Thienel K C, Kustermann A. Study of fractured surfaces of concrete caused by projectile impact[J]. International Journal of Impact Engineering, 2013, 52: 23-27.

[82] 张伟, 慕忠诚, 肖新科. 骨料粒径对混凝土靶体抗高速破片侵彻影响的实验研究[J]. 兵工学报, 2012, 33 (8): 1009-1015.

[83] Tai Y S, Tang C C. Numerical simulation: The dynamic behavior of reinforced concrete plates under normal impact[J]. Theoretical and Applied Fracture Mechanics, 2006, 45: 117-127.

[84] 孟阳, 文鹤鸣. 钢筋混凝土靶板在弹体冲击及爆炸载荷下响应的数值模拟[J]. 高压物理学报, 2011, 25 (4): 370-378.

[85] Johnson G R, Cook W J. Fracture characteristics of three metals subjected to various strains, stain rates, temperatures and pressures[J]. Engineering Fracture Mechanics, 1985, 21 (1): 31-38.

[86] 牛海成, 李壮文, 孙青岭. 钢筋混凝土整体式有限元分析 SIGY 参数的研究[C]//第 16 届全国结构工程学术会议, 太原, 2007: 114-118.

[87] 蒋志刚, 甄明, 刘飞, 等. 钢管约束混凝土抗侵彻机理的数值模拟[J]. 振动与冲击, 2015, 34 (11): 1-6.

[88] 马爱娥, 黄风雷, 初哲, 等. 弹体攻角侵彻混凝土数值模拟[J]. 爆炸与冲击, 2008, 28 (1): 33-37.

[89] Wang Z L, Li Y C, Shen R F. Numerical study on craters and penetration of concrete slab by ogive-nose steel projectile[J]. Computers and Geotechnics, 2007, 34: 1-9.

[90] Liu J C, Pi A G, Huang F L. Penetration performance of double-ogive-nose projectile[J]. International Journal of Impact Engineering, 2015, 84: 13-23.

[91] 陈兴明, 刘彤, 肖正学. 混凝土 HJC 模型抗侵彻参数敏感性数值模拟研究[J]. 高压物理学报, 2012, 3: 313-318.

[92] 白金泽. LS-DYNA3D 理论基础与实例分析[M]. 北京: 科学出版社, 2005.

[93] Libersky L D, Petschek A G, Libersky L D, et al. High strain lagrangian hydrodynamics: A three-dimensional SPH code for dynamic material response[J]. Journal of Computer Physics, 1993, 109: 67-75.

[94] 许庆新. 基于 SPH 方法的冲击动力学若干问题研究[D]. 上海: 上海交通大学, 2009.

[95] 贝新源, 岳忠五. 三维 SPH 程序及其在斜高速碰撞问题的应用[J]. 计算物理, 1997, 14 (2): 155-166.

[96] Tham C Y. Numerical and empirical approach in predicting the penetration of a concrete target by an ogive-nosed projectile[J]. Finite Elements in Analysis and Design, 2006, 42 (14): 1258-1268.

[97] Johnson G R. Linking of Lagrangian particle methods to standard finite element methods for high velocity impact simulations[J]. Nuclear Engineering and Design, 1994, 150 (2-3): 265-274.

[98] Johnson G R, Stryk R A, Beissel S R. An algorithm to automatically convert distorted finite elements into meshless particles during dynamic deformation[J]. International Journal of Impact Engineering, 2002, 27 (10): 997-1013.

[99] Johnson G R, Stryk R A. Conversion of 3D distorted elements into meshless particles during dynamic deformation[J]. International Journal of Impact Engineering, 2003, 28 (9): 947-966.

[100] Johnson G R. Numerical algorithms and material models for high-velocity impact computations[J]. International Journal of Impact Engineering, 2011, 38 (6): 456-472.

[101] Meuric O F J, Sheridan J, O'Caroll C, et al. Numerical prediction of penetration into reinforced concrete using a combined grid based and meshless lagrangian approach[C]//10th International Symposium Interaction of the Effects of Munitions with Structures, San Diego, 2001.

[102] 蔡清裕, 崔伟峰, 向东, 等. 模拟刚性动能弹丸侵彻混凝土的 FE-SPH 方法[J]. 国防科技大学学报, 2003, 25 (6): 87-90.

[103] 纪冲, 龙源, 方向. 基于 FEM-SPH 耦合法的弹丸侵彻钢纤维混凝土数值模拟[J]. 振动与冲击, 2010, 29 (7): 69-74.

[104] Anderson C E. Analytical models for penetration mechanics: A review[J]. International Journal of Damage Mechanics, 2017, 108: 3-26.

[105] Luk V K, Forrestal M J. Penetration into semi-infinite reinforced concrete targets with spherical and ogive-nose projectiles[J]. International Journal of Impact Engineering, 1987, 6 (4): 291-301.

[106] Forrestal M J, Luk V K, Watts H A. Penetration of reinforced concrete with ogive-nose penetrators[J]. International Journal of Solids Structure, 1988, 24: 77-87.

[107] Forrestal M J, Tzou D Y. A spherical cavity-expansion penetration model for concrete targets[J]. International Journal of Solids Structure, 1997, 34: 4127-4146.

[108] Forrestal M J, Altman B S, Cargile J D, et al. An empirical equation for penetration depth of ogive-nose projectiles into concrete targets[J]. International Journal of Impact Engineering, 1994, 15 (4): 395-405.

[109] Chen X W, Li Q M. Deep penetration of a non-deformable projectile with different geometrical characteristics[J]. International Journal of Impact Engineering, 2002, 27: 619-637.

[110] Li Q M, Chen X W. Dimensionless formula for penetration depth of concrete target impacted by a non-deformable projectile[J]. International Journal of Impact Engineering, 2003, 28: 93-116.

[111] Warren T L, Forquin P. Penetration of common ordinary strength water saturated concrete targets by rigid ogive-nosed steel projectiles[J]. International Journal of Impact Engineering, 2016, 90: 37-45.

[112] 黄民荣, 顾晓辉, 高永宏. 基于 Griffith 强度理论的空腔膨胀模型与应用研究[J]. 力学与实践, 2009, 31 (5): 30-34.

[113] 李志康, 黄风雷. 考虑混凝土孔隙压实效应的球形空腔膨胀理论[J]. 岩土力学, 2010, 31 (5): 1481-1485.

[114] 郭香华, 张庆明, 何远航. 弹体正侵彻混凝土厚靶的运动规律理论研究[J]. 北京理工大学学报, 2011, 31 (3): 269-271.

[115] He T, Wen H M, Guo X J. A spherical cavity expansion model for penetration of ogival-nosed projectiles into concrete targets with shear-dilatancy[J]. Acta Mechanica Sinica, 2011, 27 (6): 1001-1012.

[116] Guo X J, He T, Wen H M. Cylindrical cavity expansion penetration model for concrete targets with shear dilatancy[J]. Engineering Mechanics ASCE, 2012, 139 (9): 1260-1267.

[117] 刘铮, 王明洋, 文德生, 等. 刚性弹侵彻混凝土的内摩擦模型分析[J]. 解放军理工大学学报, 2016, 17 (1): 49-55.

[118] Feng J, Li W B, Wang X M, et al. Dynamic spherical cavity expansion analysis of rate-dependent concrete material with scale effect[J]. International Journal of Impact Engineering, 2015, 84: 24-37.

[119] Li J Z, Lv Z J, Zhang H S, et al. Perforation experiments of concrete targets with residual velocity measurements[J]. International Journal of Impact Engineering, 2013, 57: 1-6.

[120] Hoek E, Martin C D. Fracture initiation and propagation in intact rock—A review[J]. Journal of Rock Mechanics and Geotechnical Engineering, 2014, 6: 287-300.

[121] Xie J, Elwi A E, MacGregor J G. Mechanical properties of three high-strength concretes containing silica fume[J]. ACI Materials Journal, 1995, 92 (2): 135-143.

[122] Griffith A A. Theory of rupture[C]//Proceedings of the 1st International Congress for Applied Mechanics, Delft, 1924: 55-63.

[123] Hoek E, Brown E T. Empirical strength criterion for rock masses[J]. Journal of the Geotechnical Engineering Division, 1980, 106: 1013-1035.

[124] Eberhardt E. The Hoek-Brown failure criterion[J]. Rock Mechanics and Rock Engineering,

2012, 45 (6): 981-988.
[125] Zuo J P, Li H T, Xie H P, et al. A nonlinear strength criterion for rock-like materials based on fracture mechanics[J]. International Journal of Rock Mechanics and Mining Sciences, 2008, 45 (4): 594-599.
[126] Zuo J P, Liu H H, Li H T. A theoretical derivation of the Hoek Brown failure criterion for rock materials[J]. Journal of Rock Mechanics and Geotechnical Engineering, 2015, 7: 361-366.
[127] 中华人民共和国住房和城乡建设部. 钢管约束混凝土结构技术标准 (JGJ/T 471—2019)[S]. 北京: 中国建筑工业出版社, 2019.
[128] 董振华, 韩强, 杜修力. FRP 约束 RC 矩形空心截面桥墩分析模型及试验验证[J]. 工程力学, 2013, 30 (12): 57-64.
[129] 史庆轩, 王南, 王秋维, 等. 高强钢筋约束高强混凝土轴心受压本构关系研究[J]. 工程力学, 2013, 30 (5): 131-137.
[130] Chen C, Zhao Y H, Li J. Experimental investigation on the impact performance of concrete-filled FRP steel tubes[J]. Journal of Engineering Mechanics, 2015, 141 (2): 04014112.
[131] Fujikura S, Bruneau M, Lopez-Garcia D. Experimental investigation of multihazard resistant bridge piers having concrete filled steel tube under blast loading[J]. Journal of Bridge Engineering, 2008, 13 (6): 586-594.
[132] 甄明, 蒋志刚, 万帆, 等. 钢管约束混凝土抗侵彻性能试验[J]. 国防科技大学学报, 2015, 37 (3): 121-127.
[133] Wan F, Jiang Z G, Tan Q H, et al. Response of steel-tube-confined concrete targets to projectile impact[J]. International Journal of Impact Engineering, 2016, 94: 50-59.
[134] 蒋志刚, 万帆, 谭清华, 等. 钢管约束混凝土抗多发打击试验[J]. 国防科技大学学报, 2016, 38 (3): 117-123.
[135] 蒙朝美, 宋殿义, 蒋志刚, 等. 多边形钢管约束混凝土靶抗侵彻性能试验研究[J]. 振动与冲击, 2018, 37 (13): 13-19.
[136] 宋殿义, 刘飞, 蒋志刚, 等. 正六边形钢管约束混凝土靶边长对抗侵彻性能影响的试验研究[J]. 振动与冲击, 2019, 38 (1): 58-64.
[137] Choon W R O, Zhang M H, Du H J, et al. Cellular cement composites against projectile impact[J]. International Journal of Impact Engineering, 2015, 86: 13-26.
[138] 詹昊雯. 钢管约束混凝土遮弹结构抗射弹侵彻效应研究[D]. 长沙: 国防科技大学, 2017.
[139] 宋殿义, 谭清华, 蒙朝美, 等. 格栅钢管约束混凝土靶抗多发打击性能试验研究[J]. 防护工程, 2020, 42 (3): 11-18.
[140] Song D Y, Tan Q H, Meng C M, et al. Resistance of grid steel-tube-confined concrete targets against projectile impact: experimental investigation and analytical engineering model[J]. Defence Technology, 2021, 18 (9): 1622-1642.
[141] 万帆. 钢管约束混凝土抗侵彻性能与机理研究[D]. 长沙: 国防科技大学, 2014.
[142] 蒙朝美, 刘飞, 蒋志刚, 等. 正六边形钢管约束混凝土靶抗侵彻机理的数值模拟[J]. 振动与冲击, 2018, 37 (18): 126-131.
[143] 曹扬悦也. 约束混凝土抗侵彻机理与工程模型研究[D]. 长沙: 国防科技大学, 2015.
[144] 詹昊雯, 曹扬悦也, 蒋志刚, 等. 约束混凝土靶的准静态柱形空腔膨胀理论[J]. 弹道学报,

2017, 29 (2): 13-18.

[145] Meng C M, Tan Q H, Jiang Z G, et al. Approximate solutions of finite dynamic spherical cavity-expansion models for penetration into elastically confined concrete targets[J]. International Journal of Impact Engineering, 2018, 114: 182-193.

[146] 宋殿义, 曹扬悦也, 蒙朝美, 等. 蜂窝钢管约束混凝土靶的准静态球形空腔膨胀模型及其应用[J]. 固体力学学报, 2019, 40 (1): 90-98.

[147] Meng C M, Song D Y, Tan Q H, et al. Dynamic finite cylindrical cavity-expansion models for cellular steel-tube-confined concrete targets impacted by rigid sharp-nosed projectiles[J]. International Journal of Protective Structures, 2021, 12 (4): 517-540.

[148] Macek R W, Duffey T A. Finite cavity expansion method for near-surface effects and layering during Earth penetration[J]. International Journal of Impact Engineering, 2000, 24: 239-258.

[149] 吴世永, 王伟力, 江炎兰. 钨合金弹侵彻圆柱壳靶板的数值模拟[J]. 四川兵工学报, 2011, 32 (11): 29-33.

[150] Livermore Software Technology Corporation. LS-DYNA Keyword User's Manual[Z]. California, 2018.

[151] Warren T L, Hanchak S J, Poormon K L. Penetration of limestone targets by ogive-nosed VAR 4340 steel projectiles at oblique angles: experiments and simulations[J]. International Journal of Impact Engineering, 2004, 30 (10): 1307-1331.

[152] Fang Q, Kong X Z, Hong J, et al. Prediction of projectile penetration and perforation by finite cavity expansion method with the free-surface effect[J]. Acta Mechanica Solida Sinica, 2014, 27: 597-611.

[153] Zhen M, Jiang Z G, Song D Y, et al. Analytical solutions for finite cylindrical dynamic cavity expansion in compressible elastic-plastic materials[J]. Applied Mathematics Mechanics—English Edition, 2014, 35(8): 1039-1050.

[154] Rosenberg Z, Dekel E. Analytical solution of the spherical cavity expansion process[J]. International Journal of Impact Engineering, 2009, 36: 193-198.

[155] Timoshenko S P. Theory of Plate and Shells[M]. New York: McGraw-Hill, 1940.

[156] Murray Y D. User Manual for LS_DYNA Concrete Material Model 159[Z]. McLean: Federal Highway Administration, 2007: 1-92.

[157] Murray Y D, Abu-Odeh A, Bligh R. Evaluation of LS-DYNA Concrete Material Model 159[Z]. McLean: Federal Highway Administration, 2007: 1-209.

[158] 中华人民共和国住房和城乡建设部. 混凝土结构设计规范 (2015 年版) (GB 50010—2010)[S]. 北京: 中国建筑工业出版社, 2010.

[159] 任根茂. 普通混凝土 HJC 本构模型参数确定[J]. 振动与冲击, 2016, 35 (18): 9-16.

[160] Li Y F, Lin C T, Sung Y Y. A constitutive model for concrete confined with carbon fiber reinforced plastics[J]. Mechanics of Materials, 2003, 35: 603-619.

[161] Lu X, Hsu C. Stress-strain relations of high-strength concrete under triaxial compression[J]. Journal of Materials in Civil Engineering, 2007, 19 (3): 261-268.

[162] Folino P, Xargay H. Recycled aggregate concrete-mechanical behavior under uniaxial and triaxial compression[J]. Construction and Building Materials, 2014, 56: 21-31.

[163] Sovjáka R, Vogela F, Beckmann B. Triaxial compressive strength of ultra high performance concrete[J]. Acta Polytechnica, 2013, 53 (6): 901-905.

[164] Gabet T, Malécot Y, Daudeville L. Triaxial behaviour of concrete under high stresses: Influence of the loading path on compaction and limit states[J]. Cement and Concrete Research, 2008, 38: 403-412.

[165] 蒋志刚, 宋殿义, 曾首义. 有限柱形空腔膨胀理论及其应用[J]. 振动与冲击, 2011, 30 (4): 139-143.